AF321721

THÈSES

PRÉSENTÉES

A LA FACULTÉ DES SCIENCES DE PARIS

POUR OBTENIR

LE GRADE DE DOCTEUR ÈS SCIENCES,

PAR M. EDMOND BOUR,

Élève Ingénieur des Mines.

THÈSE DE MÉCANIQUE CÉLESTE. — MÉMOIRE SUR LE PROBLÈME DES TROIS CORPS.

THÈSE D'ASTRONOMIE. — SUR L'ATTRACTION QU'EXERCERAIT UNE PLANÈTE, SI L'ON SUPPOSAIT SA MASSE RÉPARTIE SUR CHAQUE ÉLÉMENT DE SON ORBITE PROPORTIONNELLEMENT AU TEMPS EMPLOYÉ A LE PARCOURIR.

Soutenues le 3 décembre 1855 devant la Commission d'examen.

MM. CHASLES, *Président.*

LAMÉ,
DELAUNAY, } *Examinateurs.*

PARIS,

MALLET-BACHELIER, IMPRIMEUR-LIBRAIRE

DE L'ÉCOLE IMPÉRIALE POLYTECHNIQUE, DU BUREAU DES LONGITUDES,

Quai des Augustins, 55.

1855.

ACADÉMIE DE PARIS.

FACULTÉ DES SCIENCES DE PARIS.

DOYEN......................	MILNE EDWARDS, Professeur..	Zoologie, Anatomie, Physiologie.
PROFESSEURS HONORAIRES.	Le baron THENARD. BIOT. PONCELET.	
PROFESSEURS.....	CONSTANT PREVOST......	Géologie.
	DUMAS..................	Chimie.
	DESPRETZ	Physique.
	STURM	Mécanique.
	DELAFOSSE.............	Minéralogie.
	BALARD................	Chimie.
	LEFÉBURE DE FOURCY...	Calcul différentiel et intégral.
	CHASLES...............	Géométrie supérieure.
	LE VERRIER...........	Astronomie physique.
	DUHAMEL..............	Algèbre supérieure.
	CAUCHY...............	Astronomie mathématique et Mécanique céleste.
	GEOFFROY-SAINT-HILAIRE.	Anatomie, Physiologie comparée, Zoologie.
	LAMÉ	Calcul des probabilités, Physique mathématique.
	DELAUNAY.............	Mécanique physique.
	PAYER	Botanique.
	C. BERNARD...........	Physiologie générale.
	P. DESAINS...........	Physique.
AGRÉGÉS..................	BERTRAND..............	Sciences mathématiques
	J. VIEILLE.............	
	MASSON...............	Sciences physiques.
	PELIGOT...............	
	DUCHARTRE	Sciences naturelles.
SECRÉTAIRE..	E. PREZ-REYNIER.	

THÈSE DE MÉCANIQUE CÉLESTE.

MÉMOIRE SUR LE PROBLÈME DES TROIS CORPS.

On sait que le principe de la conservation du mouvement du centre de gravité permet de ramener le problème général au cas où l'un des trois corps serait fixe (*). C'est ce dernier cas que j'étudie dans ce Mémoire, et la question que je me propose est celle-ci :

Déterminer le mouvement de deux points soumis à leur attraction mutuelle et à celle d'un point fixe; l'attraction étant d'ailleurs une fonction quelconque de la distance.

Ce problème, ainsi défini, contient douze inconnues, et admet, par conséquent, douze intégrales. On n'en connaît encore que quatre : celle des forces vives et les trois des aires; il en resterait donc huit à trouver. Mais M. Bertrand a fait entrer la question dans une voie nouvelle (**) en indiquant neuf fonctions des douze inconnues dont les dérivées par rapport au temps ne contiennent pas d'autre quantité que ces nouvelles inconnues elles-mêmes. En exprimant qu'une fonction z de ces inconnues a sa dérivée par rapport au temps nulle, il obtient une équation différentielle partielle linéaire à neuf variables seulement dont on connaît deux intégrales : celle des forces vives et la somme des carrés des trois aires.

Seulement la nouvelle équation a perdu la forme remarquable et les propriétés qui caractérisent les équations ordinaires des problèmes de méca-

---

(*) *Mémoire sur l'intégration des équations différentielles de la mécanique*, par M. J. Bertrand. *Journal de Mathématiques pures et appliquées*, t. XVII, 1852.

(**) *Ibid.*

nique. J'arrive dans ce Mémoire à huit nouvelles variables :

$$l_1, \quad l_2, \quad l_3, \quad l_4,$$
$$n_1, \quad n_2, \quad n_3, \quad n_4,$$

fonctions de celles de M. Bertrand, et telles, qu'on a pour l'équation différentielle partielle qui définit les intégrales du problème indépendantes du temps, conformément au type habituel,

$$\sum_{i=1}^{i=1} \left(\frac{d\mathrm{H}}{dn_i} \frac{dz}{dl_i} - \frac{d\mathrm{H}}{dl_i} \frac{dz}{dn_i} \right) = 0 ;$$

H étant la quantité qui reste constante en vertu du principe des forces vives.

§ I.

1. Je démontre d'abord le théorème général qui a servi de point de départ à mes recherches et que j'ai déjà donné dans un précédent Mémoire.

Soit un problème de mécanique quelconque, et

$$\sum_{i=1}^{i=n} \left(\frac{d\mathrm{H}}{dq_i} \frac{dz}{dp_i} - \frac{d\mathrm{H}}{dp_i} \frac{dz}{dq_i} \right) = 0$$

l'équation différentielle partielle à laquelle satisfont les $2n - 1$ intégrales du problème indépendantes du temps. Désignons avec Poisson par (α, β) la quantité

$$\sum_{i=1}^{i=n} \left(\frac{d\alpha}{dq_i} \frac{d\beta}{dp_i} - \frac{d\alpha}{dp_i} \frac{d\beta}{dq_i} \right),$$

où α et β représentent deux fonctions quelconques des inconnues $p_1, q_1, \ldots, p_n, q_n$; le théorème dont il s'agit est le suivant :

Si l'on trouve $2k$ fonctions des variables p et q,

$$l_1, \quad l_2, \ldots, l_k,$$
$$n_1, \quad n_2, \ldots, n_k,$$

satisfaisant aux $\dfrac{2k(2k-1)}{2}$ conditions

$$(l_i, n_i) = -1, \quad (l_i, n_{i'}) = 0, \quad (l_i, l_{i'}) = 0,$$

et telles, que la constante H de l'équation des forces vives s'exprime en fonc-

tion de ces quantités seulement, je dis que les nouvelles variables devront satisfaire aux équations différentielles

$$\frac{dl_i}{dt} = \frac{d\mathrm{H}}{dn_i}, \qquad \frac{dn_i}{dt} = -\frac{d\mathrm{H}}{dl_i}.$$

En effet,

$$\frac{dl_i}{dt} = \frac{dl_i}{dp_1}\frac{dp_1}{dt} + \frac{dl_i}{dq_1}\frac{dq_1}{dt} + \ldots + \frac{dl_i}{dp_n}\frac{dp_n}{dt} + \frac{dl_i}{dq_n}\frac{dq_n}{dt},$$

$$= \frac{d\mathrm{H}}{dq_1}\frac{dl_i}{dp_1} - \frac{d\mathrm{H}}{dp_1}\frac{dl_i}{dq_1} + \ldots + \frac{d\mathrm{H}}{dq_n}\frac{dl_i}{dp_n} - \frac{d\mathrm{H}}{dp_n}\frac{dl_i}{dq_n},$$

$$= (\mathrm{H},\, l_i).$$

Mais H est par hypothèse une fonction de $l_1, n_1, \ldots, l_k, n_k$; donc, en vertu de la forme linéaire de la fonction $(\mathrm{H},\, l_i)$,

$$(\mathrm{H},\, l_i) = \frac{d\mathrm{H}}{dl_1}(l_1,\, l_i) + \frac{d\mathrm{H}}{dn_1}(n_1,\, l_i) + \ldots + \frac{d\mathrm{H}}{dn_i}(n_i,\, l_i) + \ldots$$

$$= \frac{d\mathrm{H}}{dn_i};$$

car toutes les parenthèses sont nulles à l'exception de $(n_i,\, l_i)$ qui est égale à 1. Donc

$$\frac{dl_i}{dt} = \frac{d\mathrm{H}}{dn_i}.$$

On aurait de même

$$\frac{dn_i}{dt} = (\mathrm{H},\, n_i) = \frac{d\mathrm{H}}{dl_i}(l_i,\, n_i) = -\frac{d\mathrm{H}}{dl_i},$$

car $(l_i,\, n_i) = -(n_i,\, l_i) = -1$.

Cela posé, j'aborde la question que j'ai en vue.

§ II.

2. Soit μ la masse du point fixe, m et m_1 celles des points mobiles; le système étant complétement libre, on peut prendre pour les variables q :

$$q_1 = x, \quad q_2 = y, \quad q_3 = z; \quad q_4 = x_1, \quad q_5 = y_1, \quad q_6 = z_1.$$

On sait d'ailleurs que, T étant la demi-somme des forces vives,

$$p_i = \frac{d\mathrm{T}}{dq'_i},$$

par suite

$$p_1 = mx', \quad p_2 = my', \quad p_3 = mz'; \quad p_4 = m_1 x'_1, \quad p_5 = m_1 y'_1, \quad p_6 = m_1 z'_1.$$

Les variables que je leur substitue provisoirement avec M. Bertrand sont les suivantes :

$$(\text{I})
\begin{cases}
u = x^2 + y^2 + z^2, \\
u_1 = x_1^2 + y_1^2 + z_1^2, \\
v = m^2 (x'^2 + y'^2 + z'^2), \\
v_1 = m_1^2 (x'^2_1 + y'^2_1 + z'^2_1), \\
w = m (xx' + yy' + zz'), \\
w_1 = m_1 (x_1 x'_1 + y_1 y'_1 + z_1 z'_1), \\
r = m (x_1 x' + y_1 y' + z_1 z'), \\
r_1 = m_1 (xx'_1 + yy'_1 + zz'_1), \\
q = xx_1 + yy_1 + zz_1), \\
s = mm_1 (x' x'_1 + y' y'_1 + z' z'_1).
\end{cases}$$

Le carré de la distance des deux points mobiles est

$$(x_1 - x)^2 + (y_1 - y)^2 + (z_1 - z)^2 = u + u_1 - 2q.$$

On a donc pour l'équation des forces vives

$$\text{H} = m\mu\, f\!\left(\sqrt{u}\right) + m_1 \mu\, f\!\left(\sqrt{u_1}\right) - mm_1\, f\!\left(\sqrt{u + u_1 - 2q}\right) - \frac{1}{2}\frac{v}{m} - \frac{1}{2}\frac{v_1}{m_1},$$

et pour les équations différentielles du problème, en désignant par α, α_1, β, trois coefficients qui ne dépendent que de u, u_1 et q :

$$(\text{II})
\begin{cases}
\dfrac{dq_1}{dt} = \dfrac{p_1}{m}, & \dfrac{dp_1}{dt} = \alpha q_1 + \beta q_4, \\[2ex]
\dfrac{dq_2}{dt} = \dfrac{p_2}{m}, & \dfrac{dp_2}{dt} = \alpha q_2 + \beta q_5, \\[2ex]
\dfrac{dq_3}{dt} = \dfrac{p_3}{m}, & \dfrac{dp_3}{dt} = \alpha q_3 + \beta q_6, \\[2ex]
\dfrac{dq_4}{dt} = \dfrac{p_4}{m_1}, & \dfrac{dp_4}{dt} = \alpha_1 q_4 + \beta q_1, \\[2ex]
\dfrac{dq_5}{dt} = \dfrac{p_5}{m_1}, & \dfrac{dp_5}{dt} = \alpha_1 q_5 + \beta q_2, \\[2ex]
\dfrac{dq_6}{dt} = \dfrac{p_6}{m_1}, & \dfrac{dp_6}{dt} = \alpha_1 q_6 + \beta q_3.
\end{cases}$$

Les coefficients α, α_1, β ont pour valeur

$$\alpha = m\,\mu\,\frac{f'\left(\sqrt{u}\right)}{\sqrt{u}} - mm_1\,\frac{f'\left(\sqrt{u+u_1-2q}\right)}{\sqrt{u+u_1-2q}},$$

$$\alpha_1 = m_1\,\mu\,\frac{f'\left(\sqrt{u_1}\right)}{\sqrt{u_1}} - mm_1\,\frac{f'\left(\sqrt{u+u_1-2q}\right)}{\sqrt{u+u_1-2q}},$$

$$\beta = mm_1\,\frac{f'\left(\sqrt{u+u_1-2q}\right)}{\sqrt{u+u_1-2q}}.$$

3. Je forme, au moyen des équations (II), les dérivées par rapport au temps des variables (I); il vient

$$(\text{III})\quad\left\{\begin{aligned}
\frac{du}{dt} &= \frac{2w}{m}, \\[4pt]
\frac{du_1}{dt} &= \frac{2w_1}{m_1}, \\[4pt]
\frac{dv}{dt} &= 2\alpha w + 2\beta r, \\[4pt]
\frac{dv_1}{dt} &= 2\alpha_1 w_1 + 2\beta r_1, \\[4pt]
\frac{dw}{dt} &= \frac{v}{m} + \alpha u + \beta q, \\[4pt]
\frac{dw_1}{dt} &= \frac{v_1}{m_1} + \alpha_1 u_1 + \beta q, \\[4pt]
\frac{dr}{dt} &= \frac{s}{m_1} + \alpha q + \beta u_1, \\[4pt]
\frac{dr_1}{dt} &= \frac{s}{m} + \alpha_1 q + \beta u, \\[4pt]
\frac{dq}{dt} &= \frac{r}{m} + \frac{r_1}{m_1}, \\[4pt]
\frac{ds}{dt} &= \alpha_1 r + \alpha r_1 + \beta\left(w + w_1\right),
\end{aligned}\right.$$

équations qui ne contiennent pas d'autres variables que les quantités (I).

4. Ces variables (I) ne sont pas toutes distinctes; il existe entre elles une relation que je vais établir. Pour cela, je rappelle un théorème bien connu de la théorie des déterminants :

Si l'on considère le déterminant de n^2 lettres dont le terme général serait

$$c_i^k = \alpha_1^i a_1^k + \alpha_2^i a_2^k + \ldots + \alpha_p^i a_p^k,$$

p étant un nombre donné et i et k deux autres nombres, qui peuvent prendre toutes les valeurs comprises entre 1 et n,

1°. *Ce déterminant est identiquement nul si p est plus petit que n;*

2°. *Si $p = n$, il est égal au produit du déterminant des quantités α par celui des quantités a.*

Cela posé, le déterminant

$$
\begin{matrix}
u, & q, & w, & r_1, \\
q, & u_1, & r, & w_1, \\
w, & r, & v, & s, \\
r_1, & w_1, & s, & v_1,
\end{matrix}
$$

si l'on a égard aux valeurs (I), tombe précisément dans le premier cas, et doit être identiquement nul. J'ai ainsi la relation

$$
(1) \quad
\begin{cases}
0 = q^2 s^2 + r^2 r_1^2 + w^2 w_1^2 - 2\,qs\,ww_1 - 2\,qs\,rr_1 - 2\,rr_1\,ww_1 \\
\quad - uu_1\,s^2 - vv_1\,q^2 - uv_1\,r^2 - u_1\,vr_1^2 - u_1\,v_1\,w^2 - uv\,w_1^2 \\
\quad + uv\,u_1\,v_1 + 2\,u_1\,wr_1\,s + 2\,uw_1\,rs + 2\,vw_1\,r_1\,q + 2\,v_1\,w\,rq.
\end{cases}
$$

5. Cette équation peut servir à réduire d'une unité le nombre des variables (I), en éliminant par exemple s. On obtient ainsi les équations différentielles données par M. Bertrand. Comme on a fait d'assez longs calculs pour trouver le multiplicateur de ces équations, j'indique en quelques mots comment j'y étais arrivé.

Considérons les équations (III), abstraction faite de la signification des quantités qui y entrent, et désignons par D le deuxième membre de l'équation (1), qui n'est plus égal à zéro; je dis que $D =$ constante est une intégrale du système (III). En effet, sa dérivée par rapport au temps est une fonction des variables (I) qui s'annule quand on y remplace s par sa valeur tirée de l'équation $D = 0$; si donc elle n'est pas identiquement nulle, elle ne peut être qu'une fonction de D.

Mais si l'on avait

$$
\frac{dD}{dt} = \varphi\,(D),
$$

on pourrait poser

$$\frac{d\mathrm{D}}{\varphi(\mathrm{D})} = d\,.\,\mathrm{F}(\mathrm{D}),$$

et l'on en conclurait

$$\frac{d\,.\,\mathrm{F}(\mathrm{D})}{dt} = 1\,;$$

ce qui est absurde, puisque F (D) doit se réduire à une constante quand on a égard à la signification des variables (I).

On peut donc considérer le problème des trois corps comme une solution particulière d'un problème plus général, dont les équations seraient (III), et dont on connaîtrait une intégrale, $\mathrm{D} =$ constante.

Or il est facile de voir que ces équations ont pour multiplicateur l'unité; et si l'on profite de l'intégrale $\mathrm{D} =$ constante pour éliminer l'une des variables, s par exemple, le multiplicateur devient $\dfrac{1}{\frac{d\bar{\mathrm{D}}}{ds}}$, en vertu d'un théorème bien connu.

6. On connaît d'ailleurs deux autres intégrales du système (III), savoir celle des forces vives et la somme des carrés des trois intégrales des aires

$$(2) \qquad C = uv - w^2 + u_1 v_1 - w_1^2 + 2(qs - rr_1).$$

7. Avant d'aller plus loin, je remarque que les dérivées de D par rapport aux variables (I) sont des déterminants qui tombent dans le deuxième des cas du n° **4.** On peut les décomposer en facteurs et les exprimer en fonction de quatre déterminants que voici :

$$
\begin{vmatrix} x_1, & mx', & m_1 x'_1 \\ y_1, & my', & m_1 y'_1 \\ z_1, & mz', & m_1 z'_1 \end{vmatrix}
\quad
\begin{vmatrix} x, & mx', & m_1 x'_1 \\ y, & my', & m_1 y'_1 \\ z, & mz', & m_1 z'_1 \end{vmatrix}
\quad
\begin{vmatrix} x, & x_1, & m_1 x'_1 \\ y, & y_1, & m_1 y'_1 \\ z, & z_1, & m_1 z'_1 \end{vmatrix}
\quad
\begin{vmatrix} x, & x_1, & mx' \\ y, & y_1, & my' \\ z, & z_1, & mz' \end{vmatrix}
$$

Je représente ces quatre déterminants par

$$\Delta, \quad \Delta_1, \quad \Delta', \quad \Delta'_1$$

d'après les indices qui manquent dans chacun d'eux, et j'ai pour les dérivées de D :

$$(IV)\begin{cases}
\dfrac{dD}{du} = \Delta^2 = u_1 v v_1 - u_1 s^2 - v_1 r^2 - v w_1^2 + 2 w_1 rs, \\[2mm]
\dfrac{dD}{du_1} = \Delta_1^2 = u v v_1 - u s^2 - v r_1^2 - v_1 w^2 + 2 w r_1 s, \\[2mm]
\dfrac{dD}{dv} = \Delta'^2 = u u_1 v_1 - v_1 q^2 - u_1 r_1^2 - u w_1^2 + 2 w_1 r_1 q, \\[2mm]
\dfrac{dD}{dv_1} = \Delta_1'^2 = u u_1 v - v q^2 - u r^2 - u_1 w^2 + 2 w r q, \\[2mm]
\dfrac{1}{2}\dfrac{dD}{dw} = \Delta\Delta' = w w_1^2 - w_1 qs - w_1 r r_1 - u_1 v_1 w + u_1 r_1 s + v_1 r q, \\[2mm]
\dfrac{1}{2}\dfrac{dD}{dw_1} = \Delta_1\Delta_1' = w_1 w^2 - w q s - w r r_1 - u v w_1 + u r s + v r_1 q, \\[2mm]
\dfrac{1}{2}\dfrac{dD}{dr} = -\Delta_1\Delta' = r r_1^2 - r_1 q s - w w_1 r_1 - u v_1 r + u w_1 s + v_1 w q, \\[2mm]
\dfrac{1}{2}\dfrac{dD}{dr_1} = -\Delta\Delta_1' = r_1 r^2 - r q s - w w_1 r - u_1 v r_1 + u_1 w s + v w_1 q, \\[2mm]
\dfrac{1}{2}\dfrac{dD}{dq} = -\Delta\Delta_1 = q s^2 - w w_1 s - r r_1 s - v v_1 q + v w_1 r + v_1 w r, \\[2mm]
\dfrac{1}{2}\dfrac{dD}{ds} = -\Delta'\Delta_1' = s q^2 - w w_1 q - r r_1 q - u u_1 s + u w_1 r + u_1 w r_1.
\end{cases}$$

Les six dernières ont été calculées en ayant égard à ce que chacune des quantités w, w_1, r, r_1, q, s se trouve à deux places dans le déterminant D; par suite, la dérivée correspondante est la somme de deux déterminants qui se trouvent être égaux vu la forme particulière de D.

8. Les dérivées par rapport au temps des fonctions Δ sont données par les formules très-simples :

$$(V)\begin{cases}
\dfrac{d\Delta'}{dt} = -\dfrac{\Delta}{m}, \\[2mm]
\dfrac{d\Delta_1'}{dt} = -\dfrac{\Delta_1}{m_1}, \\[2mm]
\dfrac{d\Delta}{dt} = -\alpha\Delta' + \beta\Delta_1', \\[2mm]
\dfrac{d\Delta_1}{dt} = -\alpha_1\Delta_1' + \beta\Delta'.
\end{cases}$$

Pour démontrer la première, je remarque que la dérivée du déterminant

Δ' est la somme des trois déterminants qu'on obtient en substituant successivement à chaque ligne verticale les dérivées des termes qui la composent.

La première ligne donne $-\dfrac{\Delta}{m}$; je mets le signe $-$, car un même terme a des signes différents dans Δ et $\dfrac{d\Delta'}{dt}$. Quant aux déterminants provenant de la différentiation des deux autres lignes, ils sont identiquement nuls, car ils contiennent deux lignes formées de nombres respectivement proportionnels.

Les formules (V) peuvent servir à former les dérivées par rapport au temps des quantités (IV); les équations auxquelles on arrive forment un système identique au système (III), si l'on y remplace

$$u, \quad u_{1}, \quad v, \quad v_{1}, \quad w, \quad w_{1}, \quad r, \quad r_{1}, \quad q, \quad s,$$

respectivement par

$$-\frac{d\mathrm{D}}{dv}, \quad -\frac{d\mathrm{D}}{dv_1}, \quad -\frac{d\mathrm{D}}{du}, \quad -\frac{d\mathrm{D}}{du_1}, \quad \frac{d\mathrm{D}}{dw}, \quad \frac{d\mathrm{D}}{dw_1}, \quad \frac{d\mathrm{D}}{dr_1}, \quad \frac{d\mathrm{D}}{dr}, \quad -\frac{d\mathrm{D}}{ds}, \quad -\frac{d\mathrm{D}}{dq};$$

mais je ne m'arrête pas à développer ces analogies.

§ III.

9. Occupons-nous maintenant de remplacer les variables de M. Bertrand par d'autres qui satisfassent aux conditions indiquées au n° 1.

Je commence par calculer les quantités

$$(\alpha, \beta) = \sum_{i=1}^{i=6} \left(\frac{d\alpha}{dq_i} \frac{d\beta}{dp_i} - \frac{d\alpha}{dp_i} \frac{d\beta}{dq_i} \right),$$

qu'on obtient en mettant successivement au lieu de α et β dans la formule ci-dessus, les fonctions

$$u, u_{1}, v, v_{1}, w, w_{1}, r, r_{1}, q, s, \Delta, \Delta_{1}, \Delta', \Delta'_{1},$$

combinées deux à deux de toutes les manières possibles.

Les tableaux ci-joints (n° I et n° II) présentent tous ces résultats sous forme synoptique.

Tableau n° I.

	u	u_1	v	v_1	w	w_1	r	r_1	q	s	Δ	Δ_1	Δ'	Δ_1'
u	0	0	$4w$	0	$2u$	0	$2q$	0	0	$2r_1$	$-2\Delta'$	0	0	0
u_1	0	0	0	$4w_1$	0	$2u_1$	0	$2q$	0	$2r$	0	$-2\Delta_1'$	0	0
v	$-4w$	0	0	0	$-2v$	0	0	$-2s$	$-2r$	0	0	0	2Δ	0
v_1	0	$-4w_1$	0	0	0	$-2v_1$	$-2s$	0	$-2r_1$	0	0	0	0	$2\Delta_1$
w	$-2u$	0	$2v$	0	0	0	r	$-r_1$	$-q$	s	Δ	0	$-\Delta'$	0
w_1	0	$-2u_1$	0	$2v_1$	0	0	$-r$	r_1	$-q$	s	0	Δ_1	0	$-\Delta_1'$
r	$-2q$	0	0	$2s$	$-r$	r	0	$w-w_1$	$-u_1$	v	0	$-\Delta$	Δ_1'	0
r_1	0	$-2q$	$2s$	0	r_1	$-r_1$	w_1-w	0	$-u$	v_1	$-\Delta_1$	0	0	Δ'
q	0	0	$2r$	$2r_1$	q	q	u_1	u	0	w_1+w	Δ_1'	Δ'	0	0
s	$-2r_1$	$-2r$	0	0	$-s$	$-s$	$-v$	$-v_1$	$-w_1-w$	0	0	0	$-\Delta_1$	$-\Delta$
Δ	$2\Delta'$	0	0	0	$-\Delta$	0	0	Δ_1	$-\Delta_1'$	0	*Voir* le tableau n° II.			
Δ_1	0	$2\Delta_1'$	0	0	0	$-\Delta_1$	Δ	0	$-\Delta'$	0				
Δ'	0	0	-2Δ	0	Δ'	0	$-\Delta_1'$	0	0	Δ_1				
Δ_1'	0	0	0	$-2\Delta_1$	0	Δ_1'	0	$-\Delta'$	0	Δ				

Tableau n° II.

	Δ	Δ_1	Δ'	Δ_1'
Δ	0	$v_1r - vr_1 + ws - w_1s$	$w_1^2 - u_1v_1 + qs - rr_1$	$u_1s + vq - wr - w_1r$
Δ_1	$vr_1 - v_1r + w_1s - ws$	0	$us + v_1q - w_1r_1 - wr_1$	$w^2 - uv + qs - rr_1$
Δ'	$u_1v_1 - w_1^2 + rr_1 - qs$	$w_1r_1 + wr_1 - us - v_1q$	0	$ur - wq - u_1r_1 + w_1q$
Δ_1'	$wr + w_1r - u_1s - vq$	$uw - w^2 + rr_1 - qs$	$u_1r_1 - w_1q - ur + wq$	0

Comme $(\beta, \alpha) = -(\alpha, \beta)$, il est essentiel de prévenir que, dans ces tableaux et dans tous les analogues, la lettre qu'on prend dans la première colonne verticale est celle qui doit figurer la première dans la parenthèse. Par exemple, $(u, v) = 4w$, $(v, u) = -4w$.

Les calculs relatifs au tableau n° I n'offrent aucune difficulté, mais pour former le tableau n° II, j'ai besoin d'établir quatre formules.

10. Considérons le déterminant D et sa première ligne horizontale : u, q, w, $r_{,}$. On peut décomposer D en quatre séries de termes contenant respectivement comme facteurs u, q, w, $r_{,}$.

Le coefficient de u est $\dfrac{d\mathrm{D}}{du}$. Celui de q n'est que $\dfrac{1}{2}\dfrac{d\mathrm{D}}{dq}$, d'après la remarque du n° **7**.

On a ainsi une première expression de D :

$$\mathrm{D} = u\frac{d\mathrm{D}}{du} + \frac{1}{2} q\,\frac{d\mathrm{D}}{dq} + \frac{1}{2}\,w\,\frac{d\mathrm{D}}{dw} + \frac{1}{2}\,r_{,}\,\frac{d\mathrm{D}}{dr_{,}}.$$

Les trois autres lignes fourniraient des expressions analogues.

Remplaçons D par o et ses dérivées par leurs valeurs, il vient, en supprimant les facteurs communs,

$$(\mathrm{VI})\quad \begin{cases} u\Delta - q\Delta_{,} + w\Delta' - r_{,}\Delta'_{,} = 0, \\ -q\Delta + u_{,}\Delta_{,} - r\Delta' + w_{,}\Delta'_{,} = 0, \\ w\Delta - r\Delta_{,} + v\Delta' - s\Delta'_{,} = 0, \\ -r_{,}\Delta + w_{,}\Delta_{,} - s\Delta' + v_{,}\Delta'_{,} = 0. \end{cases}$$

Cela posé, pour avoir $(\Delta_{,}, \Delta)$, j'égale les résultats qu'on obtient en combinant $\Delta_{,}$ avec les deux membres de la première des équations (IV)

$$\Delta^2 = u_{,}vv_{,} - u_{,}s^2 - v_{,}r^2 - vw_{,}^2 + 2w_{,}rs\,;$$

il vient, en supprimant le facteur 2,

$$\Delta(\Delta_{,}, \Delta) = (w_{,}s - v_{,}r)\Delta + v(w_{,}\Delta_{,} + v_{,}\Delta'_{,}) - s(r\Delta_{,} + s\Delta'_{,})\,;$$

ou, en ayant égard aux équations (VI),

$$\Delta(\Delta_{,}, \Delta) = (w_{,}s - v_{,}r)\Delta + v(r_{,}\Delta + s\Delta') - s(w\Delta + v\Delta')\,;$$

et enfin, en supprimant Δ qui se trouve facteur commun,

$$(\Delta_1, \Delta) = w_1 s - v_1 r + v r_1 - w s;$$

j'aurais de même les autres combinaisons qui figurent dans le tableau n° II.

11. Je remarque, à l'inspection du tableau n° 1, qu'une quantité quelconque, combinée avec w et w_1, se reproduit soit avec son signe, soit avec un signe contraire. On en déduit facilement que les six quantités

$$\frac{w}{\sqrt{uv}}, \qquad \frac{w_1}{\sqrt{u_1 v_1}},$$

$$\frac{r}{\sqrt{u_1 v}}, \qquad \frac{r_1}{\sqrt{u v_1}},$$

$$\frac{q}{\sqrt{u u_1}}, \qquad \frac{s}{\sqrt{v v_1}},$$

donnent zéro à la fois avec w et w_1. Je prends ces six expressions pour inconnues à la place de w, w_1, r, r_1, q, s; et si je substitue en même temps à u, u_1, v, v_1 leurs racines carrées, j'aurai un deuxième système de variables provisoires, par lesquels je puis remplacer les variables (I). Ce système est le suivant :

$$(\text{VII}) \qquad \begin{cases} v = \sqrt{u}, & v_1 = \sqrt{u_1}, \\[2mm] \varphi = \sqrt{v}, & \varphi_1 = \sqrt{v_1}, \\[2mm] \psi = \dfrac{w}{\sqrt{uv}}, & \psi_1 = \dfrac{w_1}{\sqrt{u_1 v_1}}, \\[2mm] \rho = \dfrac{r}{\sqrt{u_1 v}}, & \rho_1 = \dfrac{r_1}{\sqrt{u v_1}}, \\[2mm] \varkappa = \dfrac{q}{\sqrt{u u_1}}, \\[2mm] \zeta = \dfrac{s}{\sqrt{v v_1}}. \end{cases}$$

Au moyen de ces expressions, je forme le tableau n° III, qui donne les valeurs des quantités (v, φ), (v, ψ), ..., répondant à toutes les combinaisons deux à deux des nouvelles variables (VII). Cette opération ne présente pas d'autre difficulté que la longueur des calculs.

	υ	υ_1	φ	φ_1	ψ	ψ_1	ρ	ρ_1	x	ζ
υ	0	0	ψ	0	$\dfrac{1-\psi^2}{\varphi}$	0	$\dfrac{x-\psi\rho}{\varphi}$	0	0	$\dfrac{\rho_1-\psi\zeta}{\varphi}$
υ_1	0	0	0	ψ_1	0	$\dfrac{1-\psi_1^2}{\varphi_1}$	0	$\dfrac{x-\psi_1\rho_1}{\varphi_1}$	0	$\dfrac{\rho-\psi_1\zeta}{\varphi_1}$
φ	$-\psi$	0	0	0	$-\dfrac{1-\psi^2}{\upsilon}$	0	0	$-\dfrac{\zeta-\psi\rho_1}{\upsilon}$	$-\dfrac{\rho-\psi x}{\upsilon}$	0
φ_1	0	$-\psi_1$	0	0	0	$-\dfrac{1-\psi_1^2}{\upsilon_1}$	$-\dfrac{\zeta-\psi_1\rho}{\upsilon_1}$	0	$-\dfrac{\rho_1-\psi_1 x}{\upsilon_1}$	0
ψ	$-\dfrac{1-\psi^2}{\varphi}$	0	$\dfrac{1-\psi^2}{\upsilon}$	0	0	0	$-\dfrac{\psi}{\upsilon\varphi}(x-\psi\rho)$	$\dfrac{\psi}{\upsilon\varphi}(\zeta-\psi\rho_1)$	$\dfrac{\psi}{\upsilon\varphi}(\rho-\psi x)$	$-\dfrac{\psi}{\upsilon\varphi}(\rho_1-\psi\zeta)$
ψ_1	0	$-\dfrac{1-\psi_1^2}{\varphi_1}$	0	$\dfrac{1-\psi_1^2}{\upsilon_1}$	0	0	$\dfrac{\psi_1}{\upsilon_1\varphi_1}(\zeta-\psi_1\rho)$	$-\dfrac{\psi_1}{\upsilon_1\varphi_1}(x-\psi_1\rho_1)$	$\dfrac{\psi_1}{\upsilon_1\varphi_1}(\rho_1-\psi_1 x)$	$-\dfrac{\psi_1}{\upsilon_1\varphi_1}(\rho-\psi_1\zeta)$
ρ	$-\dfrac{x-\psi\rho}{\varphi}$	0	0	$\dfrac{\zeta-\psi_1\rho}{\upsilon_1}$	$\dfrac{\psi}{\upsilon\varphi}(x-\psi\rho)$	$-\dfrac{\psi_1}{\upsilon_1\varphi_1}(\zeta-\psi_1\rho)$	0	$\dfrac{\psi-\rho_1\zeta-x\rho+\psi_1\rho\rho_1}{\upsilon_1\varphi_1}$ $\dfrac{\psi_1-\rho\zeta-x\rho_1+\psi\rho\rho_1}{\upsilon\varphi}$	$-\dfrac{1-\rho^2-x^2+\psi\rho x}{\upsilon\varphi}$	$\dfrac{1-\rho^2-\zeta^2+\psi_1\rho\zeta}{\upsilon_1\varphi_1}$
ρ_1	0	$-\dfrac{x-\psi_1\rho_1}{\varphi_1}$	$\dfrac{\zeta-\psi\rho_1}{\upsilon}$	0	$-\dfrac{\psi}{\upsilon\varphi}(\zeta-\psi\rho_1)$	$\dfrac{\psi_1}{\upsilon_1\varphi_1}(x-\psi_1\rho_1)$	$\dfrac{\psi_1-\rho\zeta-x\rho_1+\psi\rho\rho_1}{\upsilon\varphi}$ $\dfrac{\psi-\rho_1\zeta-x\rho+\psi_1\rho\rho_1}{\upsilon_1\varphi_1}$	0	$-\dfrac{1-\rho_1^2-x^2+\psi_1\rho_1 x}{\upsilon_1\varphi_1}$	$\dfrac{1-\rho_1^2-\zeta^2+\psi\rho_1\zeta}{\upsilon\varphi}$
x	0	0	$\dfrac{\rho-\psi x}{\upsilon}$	$\dfrac{\rho_1-\psi_1 x}{\upsilon_1}$	$-\dfrac{\psi}{\upsilon\varphi}(\rho-\psi x)$	$-\dfrac{\psi_1}{\upsilon_1\varphi_1}(\rho_1-\psi_1 x)$	$\dfrac{1-\rho^2-x^2+\psi\rho x}{\upsilon\varphi}$	$\dfrac{1-\rho_1^2-x^2+\psi_1\rho_1 x}{\upsilon_1\varphi_1}$	0	$\dfrac{\psi_1-\rho\zeta-x\rho_1+\psi x\zeta}{\upsilon\varphi}$ $+\dfrac{\psi-\rho_1\zeta-x\rho+\psi_1 x\zeta}{\upsilon_1\varphi_1}$
ζ	$-\dfrac{\rho_1-\psi\zeta}{\varphi}$	$-\dfrac{\rho-\psi_1\zeta}{\varphi_1}$	0	0	$\dfrac{\psi}{\upsilon\varphi}(\rho_1-\psi\zeta)$	$\dfrac{\psi_1}{\upsilon_1\varphi_1}(\rho-\psi_1\zeta)$	$-\dfrac{1-\rho^2-\zeta^2+\psi_1\rho\zeta}{\upsilon_1\varphi_1}$	$-\dfrac{1-\rho_1^2-\zeta^2+\psi\rho_1\zeta}{\upsilon\varphi}$	$-\dfrac{\psi_1-\rho\zeta-x\rho_1+\psi x\zeta}{\upsilon\varphi}$ $-\dfrac{\psi-\rho_1\zeta-x\rho+\psi_1 x\zeta}{\upsilon_1\varphi_1}$	0

12. J'arrive enfin à constituer mon système définitif. Pour cela, je vois que je puis prendre pour les quatre premières variables,

$$(\text{VIII}) \qquad \begin{cases} n_1 = v, & n_2 = v_1, \\ l_1 = \varphi \psi, & l_2 = \varphi_1 \psi_1; \end{cases}$$

car on a bien, d'après le tableau n° III,

$$(n_1, l_1) = 1 \qquad (n_2, l_2) = 1 \qquad (n_1, n_2) = 0 \qquad (n_1, l_2) = 0, \text{ etc.}$$

Je substitue les variables (VIII) à v, v_1, φ, φ_1, et je vais chercher des fonctions des six autres qui donnent zéro avec les quatre nouvelles.

13. Rappelons d'abord une remarque déjà faite au n° 1; elle consiste en ce que, si $\beta = \mathrm{F}(\gamma, \delta, \varepsilon \ldots)$, on a, en vertu de la forme linéaire de la fonction (α, β) :

$$(\alpha, \beta) = \frac{d\beta}{d\gamma}(\alpha, \gamma) + \frac{d\beta}{d\delta}(\alpha, \delta) + \frac{d\beta}{d\varepsilon}(\alpha, \varepsilon) + \ldots$$

Cela posé, je puis exprimer qu'une fonction z de l_1, l_2, ψ, ψ_1, ρ, ρ_1, $\varkappa$, ζ, combinée avec n_1 et n_2, donne un résultat nul, ce qui assujettit cette fonction à satisfaire à la fois aux deux équations différentielles partielles :

$$(3) \qquad \frac{l_1}{\psi} \frac{dz}{dl_1} + (1 - \psi^2) \frac{dz}{d\psi} + (\varkappa - \psi \rho) \frac{dz}{d\rho} + (\rho_1 - \psi \zeta) \frac{dz}{d\zeta} = 0,$$

$$(4) \qquad \frac{l_2}{\psi_1} \frac{dz}{dl_2} + (1 - \psi_1^2) \frac{dz}{d\psi_1} + (\varkappa - \psi_1 \rho_1) \frac{dz}{d\rho_1} + (\rho - \psi_1 \zeta) \frac{dz}{d\zeta} = 0.$$

Je remarque d'abord que $\varkappa$, dont la différentielle ne figure ni dans l'équation (3), ni dans l'équation (4), est une première intégrale commune à ces deux équations et peut me fournir une cinquième variable à joindre au système (VIII).

L'intégration de l'équation (3) n'offre d'ailleurs aucune difficulté, elle se ramène à celle de deux équations différentielles linéaires du premier ordre et à une quadrature; les intégrales sont :

$$\alpha_1 = l_1 \frac{\sqrt{1 - \psi^2}}{\psi},$$

$$\alpha_2 = l_1 \frac{\rho - \psi \varkappa}{\psi},$$

$$\alpha_3 = l_1 \frac{\zeta - \psi \rho}{\psi}.$$

Ajoutons-y l_2, ψ_1, ρ_1 qui sont considérées dans l'intégration comme des constantes, $\varkappa$ que j'ai déjà mis de côté, et nous aurons la solution complète de l'équation (3) :

$$z = \Phi(\alpha_1, \alpha_2, \alpha_3, l_2, \psi_1, \rho_1, \varkappa).$$

Pour trouver maintenant les intégrales communes aux équations (3) et (4), il suffit d'exprimer que cette expression de z satisfait à l'équation (4); ce qui conduit à

$$(5) \quad \frac{l_2}{\psi_1}\frac{dz}{dl_2} + (1 - \psi_1^2)\frac{dz}{d\psi_1} + (\varkappa - \psi_1\rho_1)\frac{dz}{d\rho_1} + (\alpha_2 - \psi_1\alpha_3)\frac{dz}{d\alpha_3} = 0.$$

Cette équation a précisément la même forme que l'équation (3); ses intégrales sont

$$\beta_1 = l_2\frac{\sqrt{1 - \psi_1^2}}{\psi_1}, \qquad \beta_2 = l_2\frac{\rho_1 - \psi_1\varkappa}{\psi_1},$$

$$\beta_3 = l_2\frac{\alpha_3 - \psi_1\alpha_2}{\psi_1} = l_1 l_2\frac{\zeta - \psi\rho - \psi_1\rho_1 + \psi\psi_1\varkappa}{\psi\psi_1}.$$

Il faut y joindre α_1 et α_2, ce qui, avec $\varkappa$, donne six intégrales communes.

14. Le but que je me propose est d'obtenir des fonctions qui donnent zéro avec n_1, n_2, l_1, l_2; celles que je viens de trouver satisfont aux deux premières conditions seulement, mais on peut très-facilement leur faire aussi remplir les deux dernières. En effet, j'ai remarqué (n° 11) que les six quantités ψ, ψ_1, ρ, ρ_1, $\varkappa$, ζ donnent zéro avec ω et ω_1, c'est-à-dire avec l, n_1 et $l_2 n_2$; si donc A est une fonction de ψ, ψ_1, ρ, ρ_1, $\varkappa$, ζ, on aura

$$(A, l_1 n_1) = 0.$$

Je dis que si de plus $(l_1 A, n_1) = 0$, le produit $l_1 n_1 A$ donnera zéro à la fois avec n_1 et l_1.

Il suffit évidemment de démontrer la partie du théorème relative à l_1; or on a

$$(6) \qquad (l_1 n_1 A, l_1) = l_1 A + l_1 n_1 (A, l_1).$$

Mais par hypothèse

$$(l_1 A, n_1) = 0 \quad \text{et} \quad (A, l_1 n_1) = 0;$$

c'est-à-dire en développant

$$\sigma = A + l_1(A, n_1), \qquad l_1(A, n_1) + n_1(A, l_1) = 0;$$

multiplions ces deux équations par l_1 et ajoutons-les à l'équation (6), il vient

$$(l_1 n_1 \mathrm{A}, \ l_1) = 0.$$

En appliquant ce théorème aux quantités α_1, α_2, β_1, β_2, β_3, je vois qu'il suffit d'y introduire comme facteur n_1, n_2, ou $n_1 n_2$, pour obtenir en définitive six intégrales communes aux équations (3) et (4) ou (3) et (5), qui donnent zéro à la fois avec n_1, n_2, l_1, l_2, et parmi lesquelles je prendrai celles qui doivent compléter le système (VIII). Ce sont

$$(IX) \qquad \left\{ \begin{aligned} & \varkappa, \\ \mathrm{A}_1 &= l_1 n_1 \frac{\sqrt{1-\psi^2}}{\psi}, \\ \mathrm{B}_1 &= l_2 n_2 \frac{\sqrt{1-\psi_1^2}}{\psi_1}, \\ \mathrm{A}_2 &= l_1 n_1 \frac{\rho-\psi\varkappa}{\psi}, \\ \mathrm{B}_2 &= l_2 n_2 \frac{\rho_1-\psi_1\varkappa}{\psi_1}, \\ \mathrm{B}_3 &= l_1 n_1 l_2 n_2 \frac{\zeta-\psi\rho-\psi_1\rho_1+\psi\psi_1\varkappa}{\psi\psi_1}. \end{aligned} \right.$$

§ IV.

15. Il s'agit maintenant de choisir des fonctions des variables (IX) qui soient conjuguées deux à deux comme le sont n_1, l_1; n_2, l_2. Ce problème n'est pas déterminé et ne peut être résolu que par tâtonnement. J'ai été conduit à considérer les cinq fonctions :

$$(X) \qquad \left\{ \begin{aligned} & \varkappa, \\ \gamma &= l_1 n_1 \frac{\rho-\psi\varkappa}{\psi\sqrt{1-\varkappa^2}}, \\ \gamma_1 &= l_2 n_2 \frac{\rho_1-\psi_1\varkappa}{\psi_1\sqrt{1-\varkappa^2}}, \\ \delta' &= \frac{\Delta'}{n_1}, \\ \delta'_1 &= \frac{\Delta'_1}{n_2}. \end{aligned} \right.$$

Les trois premières sont évidemment des fonctions des quantités (IX);

et il en est de même δ' et δ'_1, car la troisième et la quatrième des équations (IV) donnent

$$(7) \quad \begin{cases} \dfrac{\delta'^2}{1-x^2} = B_1^2 - \gamma_1^2, \\[2mm] \dfrac{\delta'^2_1}{1-x^2} = A_1^2 - \gamma^2. \end{cases}$$

Cela posé, je prends x ou une fonction de x pour cinquième variable, et j'ai, en faisant usage du tableau n° III,

$$(x, \delta') = 0, \qquad (x, \delta'_1) = 0,$$
$$(\gamma, x) = -\sqrt{1-x^2}, \qquad (\gamma_1, x) = -\sqrt{1-x^2}.$$

J'en conclus que $\gamma_1 - \gamma$ donne zéro avec une fonction quelconque de x, et que d'un autre côté si je prends

$$n_3 = \operatorname{arc\,cos} x,$$

je pourrai prendre pour sa conjuguée l_3

$$\text{soit} \quad -\gamma, \quad \text{soit} \quad -\gamma_1, \quad \text{soit} \quad -\tfrac{1}{2}(\gamma + \gamma_1).$$

Je choisis cette dernière et je pose

$$l_3 = -\tfrac{1}{2}(\gamma + \gamma_1).$$

16. Il ne me reste plus qu'à trouver mes deux dernières variables; pour cela, je remarque d'abord que l'on a

$$(\gamma, \gamma_1) = 0,$$

et partant

$$(\gamma_1 - \gamma, \gamma_1 + \gamma) = 0;$$

comme d'ailleurs

$$(\gamma_1 - \gamma, x) = 0,$$

la fonction

$$l_1 = \tfrac{1}{2}(\gamma_1 - \gamma)$$

donne zéro avec les six premières, $l_1, n_1, l_2, n_2, l_3, n_3$.

Avant d'aller plus loin, je réunis dans le tableau n° IV le petit nombre de formules qui me sont encore nécessaires.

Tableau n° IV.

	γ	γ_1	δ'	δ'_1
γ	O	O	$\dfrac{\delta'_1 + x\delta'}{\sqrt{1 - x^2}}$	O
γ_1	O	O	O	$\dfrac{\delta' + x\delta'_1}{\sqrt{1 - x^2}}$
δ'	$-\dfrac{\delta'_1 + x\delta'}{\sqrt{1 - x^2}}$	O	O	$\sqrt{1 - x^2}\,(\gamma - \gamma_1)$
δ'_1	O	$-\dfrac{\delta' + x\delta'_1}{\sqrt{1 - x^2}}$	$\sqrt{1 - x^2}\,(\gamma_1 - \gamma)$	O

Pour trouver enfin la conjuguée de l_4, je remarque qu'une fonction quelconque de δ', δ'_1 et x donnera zéro avec l_1, l_2, n_1, n_2 et n_3. D'un autre côté, je déduis du tableau n° IV

$$(\gamma + \gamma_1,\ \delta' + \delta'_1) = (\delta' + \delta'_1)\sqrt{\frac{1 + x}{1 - x}},$$

d'où

$$[\gamma + \gamma_1,\ \log(\delta' + \delta'_1)] = \sqrt{\frac{1 + x}{1 - x}}.$$

Combinons maintenant $\gamma + \gamma_1$ avec une fonction de x et déterminons cette fonction de manière que le résultat soit $\sqrt{\dfrac{1 + x}{1 - x}}$; en la retranchant de $\log(\delta' + \delta'_1)$, j'aurai une nouvelle quantité qui donnera zéro avec $\gamma + \gamma_1$; or

$$(\chi + \gamma_1,\ fx) = -2\sqrt{1 - x^2}\,f'x = \sqrt{\frac{1 + x}{1 - x}},$$

d'où

$$fx = \log\sqrt{1 - x}.$$

Si donc je pose

$$\xi = \frac{\delta' + \delta'_1}{\sqrt{1 - x}},$$

$\gamma + \gamma_1$ donnera zéro avec $\log \xi$ ou avec ξ.

On prouverait par un calcul analogue que la fonction

$$\xi' = \frac{\delta' - \delta'_1}{\sqrt{1 - x}}$$

jouit de la même propriété.

17. Mais j'ai, toujours en vertu du tableau n° IV,

$$(\gamma - \gamma_{\prime},\, \xi) = -\,\xi',$$
$$(\gamma - \gamma_{\prime},\, \xi') = \xi;$$

d'où

$$(\gamma - \gamma_{\prime},\, \xi^2 + \xi'^2) = 0 \qquad \left(\gamma - \gamma_{\prime},\, \text{arc tang}\,\frac{\xi'}{\xi}\right) = 1.$$

Donc la conjuguée de $\frac{1}{2}(\gamma_{\prime} - \gamma)$ ou de l_4 est

$$n_4 = 2\,\text{arc tang}\,\frac{\xi'}{\xi}.$$

Les huit variables que je viens de trouver, jointes à la constante C, peuvent être substituées aux dix variables (I) en ayant égard à l'équation D $= 0$. Il ne reste plus qu'à exprimer la quantité H en fonction de ces nouvelles inconnues.

18. L'expression qu'on obtient ainsi pour H est remarquable en ce sens qu'elle est la différence de deux fonctions dont la première ne contient pas l_1, l_2, l_3, l_4; tandis que la deuxième est homogène et du deuxième degré par rapport à ces mêmes variables, c'est-à-dire que les équations différentielles auront précisément la forme qui conviendrait à un nouveau problème de mécanique.

La solution de ce problème donnera pour le problème des trois corps des intégrales tout à fait isolées de celles des aires et de leurs conjuguées; en sorte que ces dernières paraissent former un système à part qu'on aurait plus ou moins arbitrairement accolé au premier.

J'ai déjà étudié, dans un Mémoire sur l'intégration des équations différentielles de la mécanique, inséré au *Journal de Mathématiques pures et appliquées*, tome XX, des cas où l'on peut arriver à remplacer une équation de la forme

$$(a) \qquad\qquad \sum \left(\frac{d\mathrm{H}}{dq_i}\frac{dz}{dp_i} - \frac{d\mathrm{H}}{dp_i}\frac{dz}{dq_i} \right) = 0$$

par deux ou plusieurs équations pareilles, mais plus simples, ce qui divise les intégrales de la première en systèmes *canoniques* indépendants l'un de l'autre. Seulement la forme (a), qui convient aux problèmes de dynamique auxquels s'applique le principe des forces vives, a beaucoup plus de généralité, et conserve presque toutes ces propriétés quand H cesse d'être homogène et du second degré par rapport à la moitié des variables; j'obtiens donc ici, en retombant sur la forme spéciale à la dynamique, quelque chose de plus que ce que ma théorie m'avait promis.

Ce résultat est d'ailleurs purement accidentel et tient non-seulement au problème spécial qui m'occupe, mais encore à la manière particulière dont j'ai conduit le calcul.

En effet, la symétrie de tous les tableaux, par rapport aux coordonnées et aux vitesses, indique un autre système de variables parallèle au mien, auquel je serais arrivé si j'avais posé au n° 12

$$n_1 = \varphi, \qquad l_1 = \upsilon\psi,$$
$$n_2 = \varphi_1, \qquad l_2 = \upsilon_1\psi_1.$$

Je ne développe pas les calculs qui n'offrent aucun intérêt; mais il est facile de reconnaître, à la seule inspection de H, que n_1 et n_2 seraient seules en dehors des fonctions qui dépendent de la loi d'attraction, et que la forme de H ne se prêterait plus à une interprétation analogue.

19. Avant de calculer H, je vais remplacer les lettres l et n par les lettres p et q qui servent habituellement dans la Mécanique analytique; et en même temps je substituerai, pour plus de commodité, aux quatre dernières variables les suivantes :

$$q_3 = \tfrac{1}{2}(n_3 + n_4), \qquad q_4 = \tfrac{1}{2}(n_4 - n_3),$$
$$p_3 = l_3 + l_4 = -\gamma, \qquad p_4 = l_4 - l_3 = \chi_1,$$

et mon système définitif sera ainsi constitué

$$(\text{X}) \quad \left\{ \begin{aligned} q_1 &= \upsilon, & q_3 &= \frac{1}{2}\left(\text{arc cos}\,\varkappa + 2\,\text{arc tang}\,\tfrac{\xi'}{\xi} \right), \\[2mm] p_1 &= \varphi\psi, & p_3 &= -\,\frac{\rho - \psi\varkappa}{\psi\sqrt{1 - \varkappa^2}}, \\[2mm] q_2 &= \upsilon_1, & q_4 &= \frac{1}{2}\left(2\,\text{arc tang}\,\tfrac{\xi'}{\xi} - \text{arc cos}\,\varkappa \right), \\[2mm] p_2 &= \varphi_1\psi_1, & p_4 &= \frac{\rho_1 - \psi_1\varkappa}{\psi_1\sqrt{1 - \varkappa^2}}. \end{aligned} \right.$$

20. Je passe au calcul de H. L'expression des trois fonctions f n'offre aucune difficulté; il reste

$$- \frac{\varphi^2}{2m} - \frac{\varphi_1^2}{2m_1}.$$

Or cette quantité est égale à

$$- \frac{p_1^2}{2m\psi^2} - \frac{p_2^2}{2m_1\psi_1^2}$$

ou à

$$- \frac{p_1^2}{2m} - \frac{p_2^2}{2m_1} - \frac{p_1^2}{2m}\left(\frac{1-\psi^2}{\psi^2}\right) - \frac{p_2^2}{2m_1}\left(\frac{1-\psi_1^2}{\psi_1^2}\right),$$

ce qui devient, en ayant égard aux équations (7),

$$- \frac{p_1^2}{2m} - \frac{p_2^2}{2m_1} - \frac{1}{2mq_1^2}\left(p_3^2 + \frac{\delta_1'^2}{1-x^2}\right) - \frac{1}{2m_1q_1^2}\left(p_4^2 + \frac{\delta'^2}{1-x^2}\right).$$

Il suffit donc d'exprimer δ' et δ_1' en fonction des nouvelles variables et de C, car $1 - x^2 = \sin^2(q_3 - q_4)$.

Mais on a

$$C = p_1^2 q_1^2 \frac{1-\psi^2}{\psi^2} + p_2^2 q_2^2 \frac{1-\psi_1^2}{\psi_1^2} + 2p_1 q_1 p_2 q_2 \frac{x\zeta - pp_1}{\psi\psi_1}.$$

Je remplace les deux premiers termes par leurs valeurs tirées des équations (7), et quant au dernier, je le tire de la dernière des équations (IV) qui peut s'écrire

$$p_1 q_1 p_2 q_2 \frac{x\zeta - pp_1}{\psi\psi_1} = \frac{x\,\delta'\,\delta_1'}{1-x^2} + p_3 p_4.$$

J'obtiens ainsi

$$C = (p_3 + p_4)^2 + \frac{\delta'^2 + \delta_1'^2 + 2x\delta'\delta_1'}{1-x^2},$$

$$= (p_3 + p_4)^2 + \tfrac{1}{2}(\xi^2 + \xi'^2).$$

Les deux équations

$$\frac{\xi'}{\xi} = \tang \tfrac{1}{2}(q_3 + q_4),$$

$$\xi^2 + \xi'^2 = 2\left[C - (p_3 + p_4)^2\right]$$

donnent

$$\xi = \sqrt{2}\,\sqrt{C-(p_3+p_4)^2}\,\cos\frac{1}{2}(q_3+q_4) = \frac{\partial'+\partial'_1}{\sqrt{2}\,\sin\frac{1}{2}(q_3-q_4)},$$

$$\xi' = \sqrt{2}\,\sqrt{C-(p_3+p_4)^2}\,\sin\frac{1}{2}(q_3+q_4) = \frac{\partial'-\partial'_1}{\sqrt{2}\,\cos\frac{1}{2}(q_3-q_4)}.$$

d'où

$$\delta'+\delta'_1 = 2\sqrt{C-(p_3+p_4)^2}\,\sin\frac{1}{2}(q_3-q_4)\,\cos\frac{1}{2}(q_3+q_4),$$

$$\delta'-\delta'_1 = 2\sqrt{C-(p_3+p_4)^2}\,\sin\frac{1}{2}(q_3+q_4)\,\cos\frac{1}{2}(q_3-q_4),$$

et enfin

$$\delta' = \sqrt{C-(p_3+p_4)^2}\,\sin q_3,$$

$$\delta'_1 = -\sqrt{C-(p_3+p_4)^2}\,\sin q_4,$$

et j'obtiens définitivement la valeur de H qui suffit pour former les équations différentielles :

$$(8)\left\{\begin{aligned}
H &= \mu m f(q_1) + \mu m_1 f(q_2) - mm_1 f\left[\sqrt{q_1^2+q_2^2-2q_1q_2\cos(q_3-q_4)}\right]\\
&\quad -\frac{p_1^2}{2m}-\frac{p_2^2}{2m_1}-\frac{p_3^2}{2mq_1^2}-\frac{p_4^2}{2m_1q_2^2}\\
&\quad -\frac{1}{2}\frac{C-(p_3+p_4)^2}{mm_1}\cdot\frac{mq_1^2\sin^2 q_3+m_1q_2^2\sin^2 q_4}{[q_1q_2\sin(q_3-q_4)]^2}.
\end{aligned}\right.$$

21. Voici l'interprétation qu'on peut donner de ce résultat : Si je considère le cas où le mouvement a lieu dans un plan, on a pour H, en désignant par q_1 et q_2 les deux rayons vecteurs, par q_3 et q_4 les deux azimuts

$$H = U - \tfrac{1}{2}mq_1'^2 - \tfrac{1}{2}m_1q_2'^2 - \tfrac{1}{2}mq_1^2q_3'^2 - \tfrac{1}{2}m_1q_2^2q_4'^2;$$

en posant comme à l'ordinaire

$$(9)\left\{\begin{aligned}
p_1 &= \frac{dT}{dq_1'} = mq_1', & p_3 &= \frac{dT}{dq_3'} = mq_1^2q_3',\\
p_2 &= \frac{dT}{dq_2'} = m_1q_2', & p_4 &= \frac{dT}{dq_4'} = m_1q_2^2q_4'.
\end{aligned}\right.$$

il vient

$$H = U - \frac{p_1^2}{2m} - \frac{p_2^2}{2m_1} - \frac{p_3^2}{2mq_1^2} - \frac{p_4^2}{2m_1q_2^2};$$

c'est-à-dire précisément les deux premières lignes de la valeur (8) de H.

Ceci prouve que le problème auquel je suis ramené peut être considéré comme celui du mouvement des trois corps dans un plan, troublé par une fonction perturbatrice égale à

$$ - \frac{1}{2} \cdot \frac{\mathrm{C} - (p_3 + p_4)^2}{mm_1} \cdot \frac{mq_1^2 \sin^2 q_3 + m_1 q_2^2 \sin^2 q_4}{[q_1 q_2 \sin(q_3 - q_4)]^2}. $$

L'expression de cette fonction perturbatrice est remarquable. En effet, $\mathrm{C} - (p_3 + p_4)^2$, en ayant égard aux valeurs (9) de p_3 et de p_4, est le premier membre de l'intégrale des aires, ou du moins une fonction de ce premier membre tel qu'on l'écrit ordinairement.

$mq_1^2 \sin^2 q_3 + m_1 q_2^2 \sin^2 q_4$ est la somme des moments d'inertie des deux corps mobiles pris par rapport à l'axe polaire.

$q_1 q_2 \sin(q_3 - q_4)$ est le double de la surface du triangle formé par les trois corps.

On peut donc énoncer ainsi le théorème dans lequel se résume mon Mémoire :

Pour intégrer le problème des trois corps dans le cas le plus général, il suffit de résoudre le cas où le mouvement a lieu dans un plan, et d'avoir ensuite égard à une fonction perturbatrice égale au produit d'une constante dépendant des aires par la somme des moments d'inertie des corps autour d'un certain axe, divisé par le carré du triangle formé par les trois corps.

Il résulte d'un calcul très-simple que cet axe à partir duquel je compte les azimuts est l'intersection du plan invariable par la position actuelle du plan des trois corps. On le construirait en portant sur les rayons vecteurs OM et OM$_1$, dirigés du point fixe vers chacun des points mobiles, des longueurs respectivement proportionnelles à δ_1' et δ'; et en composant ensuite ces quantités comme des forces. On peut remarquer aussi que l'angle I des deux plans dont je parle est donné par la formule

$$ \cos^2 \mathrm{I} = \frac{(p_3 + p_4)^2}{\mathrm{C}}, $$

de sorte que l'expression de la forme perturbatrice peut s'écrire

$$ - \frac{\mathrm{C} \sin^2 \mathrm{I}}{2 mm_1} \cdot \frac{mq_1^2 \sin^2 q_3 + m_1 q_2^2 \sin^2 q_4}{[q_1 q_2 \sin(q_3 - q_4)]^2}. $$

4

22. Quant au problème du mouvement des trois corps dans un plan, la connaissance de l'intégrale des aires

$$p_3 + p_4 = \alpha$$

permet de réduire à six le nombre des variables indépendantes. En remplaçant $q_3 - q_4$ par q_3, on aurait, pour la quantité H,

$$H = \mu m f(q_1) + \mu m_1 f(q_2) - m m_1 f\left(\sqrt{q_1^2 + q_2^2 - 2 q_1 q_2 \cos q_3}\right)$$
$$- \frac{p_1^2}{2m} - \frac{p_2^2}{2m_1} - \frac{(p_3 + \alpha)^2}{2 m q_1^2} - \frac{(p_3 - \alpha)^2}{2 m_1 q_2^2};$$

et pour les équations différentielles du problème,

$$\frac{dp_i}{dt} = \frac{dH}{dq_i}, \quad \frac{dq_i}{dt} = -\frac{dH}{dp_i}.$$

Vu et approuvé,

Le 20 août 1855,

LE DOYEN DE LA FACULTÉ DES SCIENCES,

MILNE EDWARDS.

Permis d'imprimer,

Le 20 août 1855,

LE VICE-RECTEUR DE L'ACADÉMIE DE PARIS,

CAYX.

THÈSE D'ASTRONOMIE.

SUR L'ATTRACTION QU'EXERCERAIT UNE PLANÈTE, SI L'ON SUPPOSAIT SA MASSE RÉPARTIE
SUR CHAQUE ÉLÉMENT DE SON ORBITE PROPORTIONNELLEMENT AU TEMPS EMPLOYÉ
A LE PARCOURIR.

Sur l'attraction d'un anneau elliptique.

La question qui fait l'objet de ce Mémoire a été traitée pour la première
fois par M. Gauss, en vue de la théorie des perturbations.

Considérons une planète occupant dans son orbite E la position quelconque P, et soit E′ l'orbite d'une autre planète dont on veut étudier l'ac-

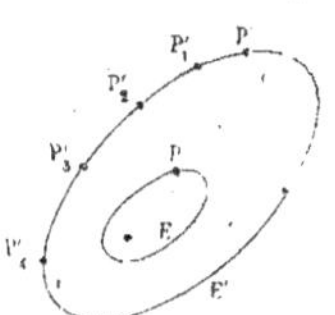

tion perturbatrice sur la première. Il faudra ajouter aux composantes des
forces principales, des fonctions qui représentent les composantes de la
force perturbatrice et qui dépendront, non-seulement des coordonnées du
point P, mais encore de la position variable de la seconde planète. Mais si
les moyens mouvements des deux astres n'ont pas de commune mesure,
la même position P, après 1, 2, 3, etc., révolutions, correspondra successivement à des lieux de la planète troublante P', P'_1, P'_2, etc., qui, au bout
d'un temps suffisamment long, finiront par couvrir l'ellipse E′ tout entière.

4.

Les actions qui répondent à ces lieux différents s'ajoutant d'ailleurs en quelque sorte pour produire des inégalités à très-longues périodes, qui ne dépendent plus des positions particulières P′, P′₁, P′₂,..., M. Gauss a eu l'idée de les remplacer par une espèce de moyenne, en répartissant la masse de la planète troublante sur chaque élément de l'orbite proportionnellement au temps employé à le parcourir, et considérant ensuite l'anneau fixe ainsi défini au lieu de la planète mobile.

C'est ainsi qu'il a été conduit à s'occuper d'une question qui d'ailleurs est intéressante par elle-même, indépendamment des applications auxquelles elle pourra peut-être donner lieu.

§ I.

Pour calculer l'attraction d'un anneau elliptique sur un point quelconque,

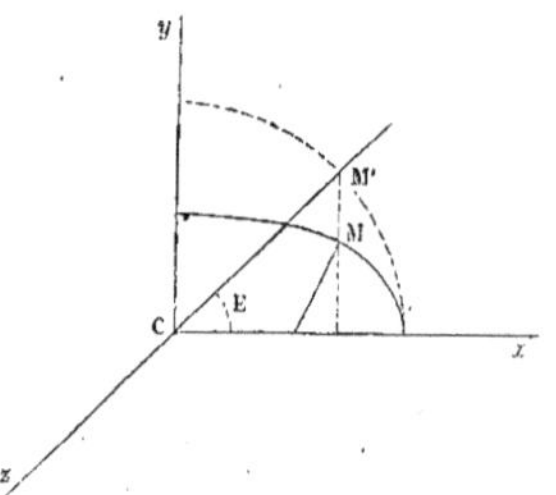

je prends pour axes coordonnés les axes principaux de l'ellipse et une perpendiculaire à son plan ; si E est l'anomalie excentrique, on a

$$nt = E - e\sin E, \quad n = \frac{2\varpi}{T},$$

d'où, en prenant T pour unité,

$$dt = dE\, \frac{1 - e\cos E}{2\varpi};$$

telle est la masse de l'élément qui répond à l'angle E. D'un autre côté, les coordonnées du point M sont $a\cos E$ et $b\sin E$; donc, en désignant par A, B, C celles du point attiré, le carré de la distance de ces deux points est

$$\rho^2 = (A - a\cos E)^2 + (B - b\sin E)^2 + C^2;$$

et l'on a, pour les trois composantes de l'attraction,

$$d\mathrm{X} = \frac{(\mathrm{A} - a\cos \mathrm{E})\,(1 - e\cos \mathrm{E})\,d\mathrm{E}}{2\,\varpi\rho^3},$$

$$d\mathrm{Y} = \frac{(\mathrm{B} - b\sin \mathrm{E})\,(1 - e\cos \mathrm{E})\,d\mathrm{E}}{2\,\varpi\rho^3},$$

$$d\mathrm{Z} = \frac{\mathrm{C}\,(1 - e\cos \mathrm{E})\,d\mathrm{E}}{2\,\varpi\rho^3}.$$

En prenant pour inconnue $\operatorname{tang} \frac{1}{2}\,\mathrm{E}$, on aurait à intégrer des fonctions d'un radical carré recouvrant un polynôme du quatrième degré. Ces quadratures se calculent facilement par les fonctions elliptiques en suivant les procédés ordinaires; mais la méthode de réduction de M. Gauss est remarquable à cause de son élégance et de l'interprétation géométrique dont elle est susceptible. Elle a d'ailleurs une grande analogie avec la simplification de l'équation générale du deuxième degré à trois variables.

Faisons donc avec lui la substitution suivante :

$$\cos \mathrm{E} = \frac{\alpha + \alpha'\cos \mathrm{T} + \alpha''\sin \mathrm{T}}{\gamma + \gamma'\cos \mathrm{T} + \gamma''\sin \mathrm{T}},$$

$$\sin \mathrm{E} = \frac{\beta + \beta'\cos \mathrm{T} + \beta''\sin \mathrm{T}}{\gamma + \gamma'\cos \mathrm{T} + \gamma''\sin \mathrm{T}}.$$

Les neuf coefficients α, β, γ ne sont pas complétement arbitraires; ils doivent être tels que l'on ait $\cos^2 \mathrm{E} + \sin^2 \mathrm{E} = 1$, quel que soit T.

Pour cela, j'écrirai

$$\cos^2 \mathrm{E} + \sin^2 \mathrm{E} - 1 = k\,(\cos^2 \mathrm{T} + \sin^2 \mathrm{T} - 1),$$

k étant arbitraire. On obtient ainsi les six équations de condition :

$$\text{(I)} \quad
\begin{cases}
- \alpha^2 - \beta^2 + \gamma^2 = k, \\
- \alpha'^2 - \beta'^2 + \gamma'^2 = - k, \\
- \alpha''^2 - \beta''^2 + \gamma''^2 = - k, \\
\alpha\alpha' + \beta\beta' - \gamma\gamma' = 0, \\
\alpha\alpha'' + \beta\beta'' - \gamma\gamma'' = 0, \\
\alpha'\alpha'' + \beta'\beta'' - \gamma'\gamma'' = 0.
\end{cases}$$

On peut en déduire un grand nombre d'autres relations. Et d'abord je reprends la première, la quatrième et la cinquième, que j'écris ainsi :

$$(-\alpha)\,\alpha + (-\beta)\,\beta + (\gamma)\,\gamma = k,$$

$$(\alpha')\,\alpha + (\beta')\,\beta + (-\gamma')\,\gamma = 0,$$

$$(\alpha'')\,\alpha + (\beta'')\,\beta + (-\gamma'')\,\gamma = 0.$$

Elles peuvent être considérées comme trois équations du premier degré, entre les inconnues α, β, γ.

On reconnaît facilement que le déterminant des neuf coefficients, que je représente par ε, est le même que celui des quantités α, β, γ; α', β', γ', α'', β'', γ''; par suite,

$$(\text{II}) \qquad \varepsilon = \alpha\beta'\gamma'' - \alpha\gamma'\beta'' + \gamma\alpha'\beta'' - \beta\alpha'\gamma'' + \beta\gamma'\alpha'' - \gamma\beta'\alpha''.$$

On en déduit α, β, γ. On aurait des valeurs analogues pour α', β', γ', α'', β'', γ'', le dénominateur commun étant toujours ε. De là un groupe de neuf équations :

$$(\text{III}) \qquad
\begin{cases}
\varepsilon\alpha = k\,(\gamma'\beta'' - \beta'\gamma''), \\
\varepsilon\beta = k\,(\alpha'\gamma'' - \gamma'\alpha''), \\
\varepsilon\gamma = k\,(\alpha'\beta'' - \beta'\alpha''), \\
\varepsilon\alpha' = k\,(\gamma\beta'' - \beta\gamma''), \\
\varepsilon\beta' = k\,(\alpha\gamma'' - \gamma\alpha''), \\
\varepsilon\gamma' = k\,(\alpha\beta'' - \beta\alpha''), \\
\varepsilon\alpha'' = k\,(\beta\gamma' - \gamma\beta'), \\
\varepsilon\beta'' = k\,(\gamma\alpha' - \alpha\gamma'), \\
\varepsilon\gamma'' = k\,(\beta\alpha' - \alpha\beta').
\end{cases}$$

Le coefficient k peut recevoir une valeur quelconque, car il est évident que rien n'empêche de multiplier les neuf indéterminées par un même nombre. Il est seulement essentiel de prouver que k ne peut être nul.

Or le système (I) donne

$$(\gamma'\gamma'' - \beta'\beta'')^2 = \alpha'^2\,\alpha''^2,$$

$$\gamma'^2 - \beta'^2 = \alpha'^2 - k,$$

$$\gamma''^2 - \beta''^2 = \alpha''^2 - k.$$

Retranchons de la première le produit des deux dernières, il vient

$$(\gamma'\beta'' - \beta'\gamma'')^2 = k(\alpha'^2 + \alpha''^2 - k).$$

On aurait de même

$$(\beta\gamma' - \gamma\beta')^2 = k(\alpha^2 - \alpha'^2 + k).$$

Donc la nullité de k entraînerait

$$\gamma'\beta'' - \gamma''\beta' = 0, \quad \beta\gamma' - \gamma\beta' = 0,$$

ou

$$\frac{\beta}{\gamma} = \frac{\beta'}{\gamma'} = \frac{\beta''}{\gamma''},$$

ce qui donnerait

$$\sin E = \text{constante}.$$

On peut conclure de là que ε n'est jamais nul; en effet, je vais prouver que

$$(\text{IV}) \qquad\qquad \varepsilon^2 = k^3.$$

Multiplions l'équation (II) par ε,

$$\varepsilon^2 = \varepsilon\alpha(\beta'\gamma'' - \gamma'\beta'') + \varepsilon\beta(\gamma'\alpha'' - \alpha'\gamma'') + \varepsilon\gamma(\alpha'\beta'' - \beta'\alpha'').$$

Remplaçons $\varepsilon\alpha$, $\varepsilon\beta$, $\varepsilon\gamma$ par les valeurs que donne le système (III), il vient

$$\varepsilon^2 = k[(\alpha'\beta'' - \beta'\alpha'')^2 - (\gamma'\alpha'' - \alpha'\gamma'')^2 - (\beta'\gamma'' - \gamma'\beta'')^2]$$
$$= k[(-\alpha'^2 - \beta'^2 + \gamma'^2)(-\alpha''^2 - \beta''^2 + \gamma''^2) - (-\alpha'\alpha'' - \beta'\beta'' + \gamma'\gamma'')^2] = k^3;$$

donc, k n'étant pas nul, ε ne le sera jamais non plus.

Je donnerai enfin un dernier groupe d'équations de condition qui complétera l'analogie avec les formules qui servent à la transformation des coordonnées dans l'espace.

Pour cela formons, au moyen des équations (III), la quantité

$$\varepsilon\alpha . \alpha - \varepsilon\alpha' . \alpha' - \varepsilon\alpha'' . \alpha''.$$

On trouve aisément qu'elle est égale à $-k\varepsilon$; d'où, en supprimant ε facteur commun,

$$\alpha^2 - \alpha'^2 - \alpha''^2 = -k.$$

On verrait de même que la quantité

$$\varepsilon\beta . \gamma - \varepsilon\beta' . \gamma' - \varepsilon\beta'' . \gamma'',$$

et les analogues se réduisent à zéro. De là le cinquième système

$$(\mathbf{V}) \quad \begin{cases} \alpha^2 - \alpha'^2 - \alpha''^2 = -k, \\ \beta^2 - \beta'^2 - \beta''^2 = -k, \\ \gamma^2 - \gamma'^2 - \gamma''^2 = k, \\ \beta\gamma - \beta'\gamma' - \beta''\gamma'' = 0, \\ \alpha\gamma - \alpha'\gamma' - \alpha''\gamma'' = 0, \\ \alpha\beta - \alpha'\beta' - \alpha''\beta'' = 0. \end{cases}$$

§ II.

En résumé, on a entre les neuf coefficients indéterminés six équations distinctes, ce qui permet d'en établir trois nouvelles choisies de manière à simplifier les différentielles le plus possible.

Pour cela, nous nous imposerons la condition de faire évanouir dans le numérateur de l'expression

$$(1) \qquad \rho^2 = (A - a\cos E)^2 + (B - b\sin E)^2 + C^2$$

les termes en $\sin T$, $\cos T$ et $\cos T \sin T$, de manière que l'on ait seulement :

$$\rho^2 = \frac{G + G'\cos^2 T + G''\sin^2 T}{(\gamma + \gamma'\cos T + \gamma''\sin T)^2}.$$

Avant d'aller plus loin, remarquons que, k étant arbitraire et soumis seulement à la condition d'être positif pour que ε soit réel, on peut prendre $k = +1$, ce qui donne $\varepsilon = \pm 1$.

Cela posé, désignons $\gamma + \gamma'\cos T + \gamma''\sin T$ par t et multiplions l'équation (1) par t^2, il vient

$$t^2\rho^2 = (A^2 + B^2 + C^2)t^2 + a^2 t^2\cos^2 E + b^2 t^2\sin^2 E - 2Aat.t\cos E - 2Bbt.t\sin E,$$

ou, en posant $t = z$, $t\cos E = x$, $t\sin E = y$,

$$(2) \qquad t^2\rho^2 = (A^2 + B^2 + C^2)z^2 + a^2 x^2 + b^2 y^2 - 2Aaxz - 2Bbyz.$$

Il faut maintenant substituer à x, y, z les valeurs

$$(3) \qquad \begin{cases} x = \alpha u + \alpha' u' + \alpha'' u'', \\ y = \beta u + \beta' u' + \beta'' u'', \\ z = \gamma u + \gamma' u' + \gamma'' u'', \end{cases}$$

où u, u', u'' tiennent respectivement la place de 1, $\cos T$, $\sin T$, et profiter des indéterminées pour faire évanouir les trois rectangles dans le deuxième membre de l'équation (2), de manière à le ramener à la forme

$$(a) \qquad G u^2 + G' u'^2 + G'' u''^2.$$

Il est plus élégant de tirer des équations (3) les valeurs de u, u', u'' en x, y, z, de les substituer dans l'expression (a), et d'identifier le résultat avec le second membre de (2).

La résolution des équations (3) se fait aisément au moyen des relations (I); il vient

$$u = \gamma z - \alpha x - \beta y,$$
$$u' = \alpha' x + \beta' y - \gamma' z,$$
$$u'' = \alpha'' x + \beta'' y - \gamma'' z.$$

En substituant et égalant les termes semblables, on obtient six nouvelles équations qui, jointes au groupe (I), déterminent les neuf coefficients indéterminés et les trois quantités G, G', G''.

Le nouveau système est

$$(\text{VI}) \qquad \begin{cases} G\alpha^2 + G'\alpha'^2 + G''\alpha''^2 = a^2, \\ G\beta^2 + G'\beta'^2 + G''\beta''^2 = b^2, \\ G\gamma^2 + G'\gamma'^2 + G''\gamma''^2 = A^2 + B^2 + C^2, \\ G\alpha\gamma + G'\alpha'\gamma' + G''\alpha''\gamma'' = Aa, \\ G\beta\gamma + G'\beta'\gamma' + G''\beta''\gamma'' = Bb, \\ G\alpha\beta + G'\alpha'\beta' + G''\alpha''\beta'' = 0. \end{cases}$$

§ III.

Pour résoudre les douze équations (I) et (VI), je prends dans ces dernières la première, la quatrième et la sixième qui renferment

$$G\alpha \cdot \alpha, \quad G\alpha \cdot \beta, \quad G\alpha \cdot \gamma.$$

Je les ajoute après les avoir multipliées respectivement par $-\alpha$, $-\beta$, $+\gamma$, de manière à avoir le produit de $G\alpha$ par $-\alpha^2 - \beta^2 + \gamma^2$ ou 1, puisque j'ai pris $k = 1$. En même temps G' et G'' se trouvent éliminés. Je tire de la même manière $G\beta$ et $G\gamma$, et j'obtiens

$$G\alpha = \gamma A a - \alpha a^2,$$
$$G\beta = \gamma B b - \beta b^2,$$
$$G\gamma = \gamma (A^2 + B^2 + C^2) - \alpha A a - \beta B b.$$

On tire des deux premières :

$$(4) \qquad \alpha = \gamma \frac{A a}{a^2 + G}, \qquad \beta = \gamma \frac{B b}{b^2 + G}.$$

En portant ces valeurs dans la troisième, γ disparaît, et l'on obtient une équation qui ne contient pas d'autre inconnue que G,

$$A^2 + B^2 + C^2 - \frac{A^2 a^2}{a^2 + G} - \frac{B^2 b^2}{b^2 + G} = G,$$

ce que l'on peut écrire

$$(5) \qquad \frac{A^2}{a^2 + G} + \frac{B^2}{b^2 + G} + \frac{C^2}{G} = 1.$$

Si l'on isole de même G' et G'', on arrive à des équations qui ne diffèrent de l'équation (5) que par la substitution de $- G'$ ou de $- G''$ à la place de G. Comme cette équation est du troisième degré, il suit de là que ses trois racines sont G, $- G'$, $- G''$.

Ces trois racines sont toujours réelles. Pour le prouver, et en même temps effectuer leur séparation, je reprends l'équation (5), et, après avoir transposé 1 dans le premier membre, je fais les substitutions suivantes :

1°. $- \infty$,   signe $-$.

2°. $- a^2 - i$,   signe $-$,   car le premier terme est négatif et l'emporte sur les autres.

3°. $- a^2 + i$,   signe $+$,   changement de signe en passant par l'infini.

4°. $- b^2 - i$,   signe $-$,   première racine entre $- a^2$ et $- b^2$.

5°. $- b^2 + i$,   signe $+$.

6°. $o - i$,   signe $-$,   deuxième racine entre $- b^2$ et o.

7°. $o + i$,   signe $+$.

8°. $+ \infty$,   signe $-$,   troisième racine positive.

L'équation (5) a ainsi trois racines réelles : l'une d'elles est positive ; les deux autres sont négatives et ont leurs valeurs absolues comprises, la première entre o et b^2, la deuxième entre a^2 et b^2. Si donc on prend la positive pour G; les deux négatives pour $-$ G′ et $-$ G″; G, G′ et G″ seront trois quantités positives, condition qui, comme nous le verrons plus tard, est indispensable.

G, G′ et G″ peuvent dès lors être considérés comme connus. On peut remarquer qu'il résulte de la forme de l'équation (5) et des limites des racines que G, G′ et G″ sont les paramètres des trois surfaces homofocales du deuxième ordre qui passent par le point attiré et dont l'ellipse donnée est la focale elliptique.

Une fois G connu, les équations (4) jointes à

$$-\alpha^2 - \beta^2 + \gamma^2 = 1,$$

donnent

$$(6) \qquad \gamma = \pm \frac{1}{\sqrt{1 - \dfrac{A^2 a^2}{(a^2 + G)^2} - \dfrac{B^2 b^2}{(b^2 + G)^2}}}.$$

Les signes de α et β sont déterminés par celui de γ, (4).

On peut avoir encore deux expressions remarquables de γ : la suivante prouve que G doit être positif. En effet, on a

$$\frac{A^2}{a^2 + G} + \frac{B^2}{b^2 + G} + \frac{C^2}{G} = 1,$$

$$\frac{A^2 (a^2 + G)}{(a^2 + G)^2} + \frac{B^2 (b^2 + G)}{(b^2 + G)^2} + \frac{C^2 G}{G^2} = 1,$$

$$1 - \frac{A^2 a^2}{(a^2 + G)^2} - \frac{B^2 b^2}{(b^2 + G)^2} = G \left[\frac{A^2}{(a^2 + G)^2} + \frac{B^2}{(b^2 + G)^2} + \frac{C^2}{G^2} \right],$$

et enfin

$$(7) \qquad \gamma = \pm \frac{1}{\sqrt{G} \sqrt{\dfrac{A^2}{(a^2 + G)^2} + \dfrac{B^2}{(b^2 + G)^2} + \dfrac{C^2}{G^2}}}.$$

Des calculs analogues donneraient

$$\alpha' = \gamma' \frac{A a}{a^2 - G'}, \qquad \beta' = \gamma' \frac{B b}{b^2 - G'},$$

$$\gamma' = \pm \frac{1}{\sqrt{\dfrac{A^2 a^2}{(a^2 - G')^2} + \dfrac{B^2 b^2}{(b^2 - G')^2} - 1}} = \pm \frac{1}{\sqrt{G'} \sqrt{\dfrac{A^2}{(a^2 - G')^2} + \dfrac{B^2}{(b^2 - G')^2} + \dfrac{C^2}{G'^2}}},$$

et de même α'', β'', γ''.

Enfin, on peut obtenir une troisième valeur de γ.

Pour cela, multiplions l'équation (5) par $a^2 b^2 - G^2$, il vient

$$\frac{A^2 a^2 b^2 - A^2 G^2}{a^2 + G} + \frac{B^2 a^2 b^2 - B^2 G^2}{b^2 + G} + \frac{C^2 a^2 b^2}{G} - C^2 G = a^2 b^2 - G^2,$$

ou

$$G(-A^2 - B^2 - C^2) + \frac{A^2 a^2 (b^2 + G)}{a^2 + G} + \frac{B^2 b^2 (a^2 + G)}{b^2 + G} + \frac{C^2 a^2 b^2}{G} = a^2 b^2 - G^2.$$

Mais on a, en vertu des relations connues entre les coefficients et les racines d'une équation algébrique,

$$G - G' - G'' = A^2 + B^2 + C^2 - a^2 - b^2,$$

$$GG'G'' = a^2 b^2 C^2,$$

d'où

$$\frac{C^2 a^2 b^2}{G} = G'G''$$

et

$$G(-A^2 - B^2 - C^2) = G(G' + G'' - G - a^2 - b^2).$$

Je substitue ces valeurs dans l'équation précédente qui devient alors

$$\frac{A^2 a^2 (b^2 + G)}{a^2 + G} + \frac{B^2 b^2 (a^2 + G)}{b^2 + G} + (G + G')(G + G'') - (G + a^2)(G + b^2) = 0;$$

d'où, en divisant par $(a^2 + G)(b^2 + G)$,

$$1 - \frac{A^2 a^2}{(a^2 + G)^2} - \frac{B^2 b^2}{(b^2 + G)^2} = \frac{1}{\gamma^2} = \frac{(G + G')(G + G'')}{(G + a^2)(G + b^2)}.$$

On aurait de même γ' et γ'', ce qui donne les trois formules suivantes :

$$(9) \quad \begin{cases} \gamma = \sqrt{\dfrac{(a^2 + G)(b^2 + G)}{(G + G')(G + G'')}}, \qquad \gamma' = \sqrt{\dfrac{(a^2 - G')(b^2 - G')}{(G + G')(G'' - G')}}, \\[4mm] \gamma'' = \sqrt{\dfrac{(a^2 - G'')(b^2 - G'')}{(G + G'')(G' - G'')}}. \end{cases}$$

Je discuterai toutes ces formules quand j'en aurai fait voir la signification géométrique. Pour le moment, je me borne à achever la transformation en calculant dE en fonction de dT.

Je rappelle les formules (3),

$$t \cos E = \alpha + \alpha' \cos T + \alpha'' \sin T,$$
$$t \sin E = \beta + \beta' \cos T + \beta'' \sin T,$$
$$t = \gamma + \gamma' \cos T + \gamma'' \sin T.$$

J'écris l'identité

$$t^2 dE = t \cos E \, d.t \sin E - t \sin E \, d.t \cos E$$
$$= (\alpha + \alpha' \cos T + \alpha'' \sin T)(\beta'' \cos T - \beta' \sin T) \, dT$$
$$- (\beta + \beta' \cos T + \beta'' \sin T)(\alpha'' \cos T - \alpha' \sin T) \, dT.$$

Développant et réduisant, il vient

$$t^2 dE = \left[(\alpha\beta'' - \beta\alpha'') \cos T + (\beta\alpha' - \alpha\beta') \sin T + (\alpha'\beta'' - \alpha''\beta') \right] dT.$$

Enfin, si l'on remplace les binômes par leurs valeurs tirées des formules (III), le deuxième membre devient $\varepsilon t dT$, et l'on a, en supprimant t facteur commun,

$$(10) \qquad\qquad t dE = \varepsilon dT.$$

Au moyen de ces diverses formules, M. Gauss donne l'expression des différentielles dX, dY, dZ en fonction de T; il ramène leur intégration au calcul des deux quadratures

$$\int_0^{2\varpi} \frac{\sin^2 T \, dT}{(M^2 \sin^2 T + N^2 \cos^2 T)^{\frac{3}{2}}}, \qquad \int_2^{2\varpi} \frac{\cos^2 T \, dT}{(M^2 \sin^2 T + N^2 \cos^2 T)^{\frac{3}{2}}}.$$

Ces intégrales dépendent d'ailleurs des fonctions elliptiques de première et de deuxième espèce; donc le problème peut être considéré comme résolu. Mais on peut simplifier considérablement l'expression et le calcul des composantes au moyen de la méthode géométrique que je vais maintenant exposer. Elle me permettra non-seulement d'indiquer la marche à suivre, mais encore d'effectuer complétement les opérations et de discuter les résultats obtenus.

§ IV.

Considérons le cône qui a pour base l'ellipse donnée et pour sommet le

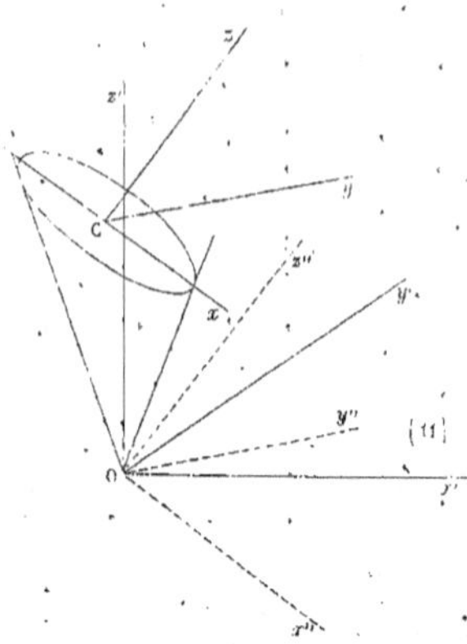

point attiré. Si nous le rapportons à son sommet et à ses axes principaux, son équation est de la forme

$$(11) \qquad \frac{x'^2}{m^2} + \frac{y'^2}{n^2} = z'^2.$$

Elle permet de poser

$$x' = mz'\cos \mathrm{T}, \qquad y' = nz'\sin \mathrm{T},$$

ce qui donne pour la distance de l'origine à un point quelconque de la surface,

$$p^2 = x'^2 + y'^2 + z'^2 = z'^2 (1 + m^2 \cos^2 \mathrm{T} + n^2 \sin^2 \mathrm{T}).$$

Mais si λ, μ, v désignent les angles que la perpendiculaire au plan de l'el- lipse fait avec les trois axes coordonnés, et C la distance de ce plan à l'ori- gine, on a pour son équation

$$(12) \qquad x'\cos\lambda + y'\cos\mu + z'\cos v = -C.$$

Je mets $-C$, afin de conserver à la lettre C la même signification que dans les calculs précédents.

En remplaçant x' et y' par leurs valeurs en fonction de T, l'équation du plan devient

$$z'\left(\cos v + m\cos\lambda\cos T + n\cos\mu\sin T\right) = -C,$$

d'où

$$\rho^2 = \frac{C^2\left(1 + m^2\cos^2 T + n^2\sin^2 T\right)}{\left(\cos v + m\cos\lambda\cos T + n\cos\mu\sin T\right)^2}.$$

Cette valeur de ρ^2 a immédiatement la forme simple que cherchait M. Gauss. Donc

L'angle T de M. Gauss n'est autre chose que l'anomalie excentrique de l'ellipse principale du cône.

Si l'on se reporte à l'ancienne valeur de ρ^2, on voit que l'on a

$$\cos v + m\cos\lambda\cos T + n\cos\mu\sin T = t = \gamma + \gamma'\cos T + \gamma''\sin T;$$

et la quantité que nous avons appelée k, qui était égale à $\gamma^2 - \gamma'^2 - \gamma''^2$, est ici

$$(13) \qquad \cos^2 v - m^2\cos^2\lambda - n^2\cos^2\mu.$$

Je ferai voir dans un instant que cette quantité est toujours positive, on peut alors la représenter par M^2, et en posant

$$\gamma = \frac{\cos v}{M}, \qquad \gamma' = \frac{m\cos\lambda}{M}, \qquad \gamma'' = \frac{n\cos\mu}{M},$$

on retrouve

$$\gamma^2 - \gamma'^2 - \gamma''^2 = 1, \qquad k = 1,$$

et l'on peut appliquer immédiatement toutes les formules trouvées dans les paragraphes précédents.

On a alors, d'après la comparaison des valeurs de ρ^2,

$$G = \frac{C^2}{M^2}, \qquad G' = \frac{m^2 C^2}{M^2}, \qquad G'' = \frac{n^2 C^2}{M^2},$$

$$t = \frac{\cos v + m\cos\lambda\cos T + n\cos\mu\sin T}{M};$$

et par suite,

$$(14) \quad tz' = -\frac{C}{M}, \qquad tx' = -\frac{m C\cos T}{M}, \qquad ty' = -\frac{n C\sin T}{M}.$$

$G, G', G'', \gamma, \gamma', \gamma''$ étant maintenant connus, les coefficients α et β sont donnés par les équations (4) et (8), et l'on obtient immédiatement les expressions

$$(\mathrm{A})\quad
\begin{cases}
\mathrm{M}t\cos\mathrm{E} = \mathrm{A}\,a\left(\dfrac{\cos\nu}{a^2+\dfrac{\mathrm{C}^2}{\mathrm{M}^2}} + \dfrac{m\cos\lambda}{a^2-\dfrac{m^2\,\mathrm{C}^2}{\mathrm{M}^2}}\cos\mathrm{T} + \dfrac{n\cos\mu}{a^2-\dfrac{n^2\,\mathrm{C}^2}{\mathrm{M}^2}}\sin\mathrm{T}\right), \\[4ex]
\mathrm{M}t\sin\mathrm{E} = \mathrm{B}\,b\left(\dfrac{\cos\nu}{b^2+\dfrac{\mathrm{C}^2}{\mathrm{M}^2}} + \dfrac{m\cos\lambda}{b^2-\dfrac{m^2\,\mathrm{C}^2}{\mathrm{M}^2}}\cos\mathrm{T} + \dfrac{n\cos\mu}{b^2-\dfrac{n^2\,\mathrm{C}^2}{\mathrm{M}^2}}\sin\mathrm{T}\right), \\[4ex]
\mathrm{M}t = \cos\nu + m\cos\lambda\cos\mathrm{T} + n\cos\mu\sin\mathrm{T},
\end{cases}$$

qui permettent de calculer les composantes.

Les formules ordinaires de transformation des coordonnées vont me donner tout à l'heure d'autres expressions de t, $t\cos\mathrm{E}$, $t\sin\mathrm{E}$. Mais avant d'aller plus loin, je vais prouver, ainsi que je l'ai annoncé, que la quantité (13) est toujours positive.

Pour cela, j'élimine z' entre les équations (11) et (12), afin d'avoir l'équation de la projection horizontale de la section du cône (11) par le plan (12); il vient

$$\left(\frac{\cos^2\nu}{n^2} - \cos^2\mu\right)y'^2 - 2x'y'\cos\lambda\cos\mu$$
$$+ \left(\frac{\cos^2\nu}{m^2} - \cos^2\lambda\right)x'^2 + 2x'\cos\lambda + 2y'\cos\mu = 1,$$

et la condition d'ellipticité est précisément

$$\frac{\cos^2\lambda}{n^2} + \frac{\cos^2\mu}{m^2} - \frac{\cos^2\nu}{m^2 n^2} < 0,$$

ce qui démontre la proposition.

On peut remarquer aussi que les formules (9) qui ne contiennent, outre a et b, que λ, μ, ν et C, donnent la solution de ce problème de géométrie:

Étant donnés un cône du deuxième degré et un plan, trouver en grandeur les axes principaux de la section du cône par le plan.

Soient maintenant λ_1, μ_1, ν_1 les angles du grand axe de l'ellipse avec $\mathrm{O}x'$, $\mathrm{O}y'$, $\mathrm{O}z'$; λ_2, μ_2, ν_2 ceux du petit axe. Ces angles joints à λ, μ, ν, déterminent les directions des anciens axes $\mathrm{C}x$, $\mathrm{C}y$, $\mathrm{C}z$ par rapport aux nouveaux $\mathrm{O}x'$, $\mathrm{O}y'$, $\mathrm{O}z'$. Les coordonnées d'un point de l'ellipse sont, par rapport aux premiers, $a\cos\mathrm{E}$, $b\sin\mathrm{E}$, 0; pour les deuxièmes, x', y', z'; on a donc

$$a\cos\mathrm{E} = x'\cos\lambda_1 + y'\cos\mu_1 + z'\cos\nu_1 + \mathrm{A},$$
$$b\sin\mathrm{E} = x'\cos\lambda_2 + y'\cos\mu_2 + z'\cos\nu_2 + \mathrm{B}.$$

D'où, en multipliant par t et remplaçant t, tx', ty', tz' par leurs valeurs,

$$(B)\quad\begin{cases} M t \cos E = \dfrac{m}{a}\,(A \cos\lambda - C \cos\lambda_1)\cos T \\[4pt] \qquad + \dfrac{n}{a}\,(A \cos\mu - C \cos\mu_1)\sin T + \dfrac{1}{a}\,(A \cos v - C \cos v_1), \\[8pt] M t \sin E = \dfrac{m}{b}\,(B \cos\lambda - C \cos\lambda_2)\cos T \\[4pt] \qquad + \dfrac{n}{b}\,(B \cos\mu - C \cos\mu_2)\sin T + \dfrac{1}{b}\,(B \cos v - C \cos v_2), \\[8pt] M t = m \cos\lambda \cos T + n \cos\mu \sin T + \cos v. \end{cases}$$

En se rappelant que

$$t\,dE = \varepsilon\,dT,$$

on a tout ce qu'il faut pour calculer les composantes de l'attraction suivant les axes Ox', Oy', Oz'. Les intégrales devront être prises depuis $T = 0$ jusqu'à $T = 2\varpi$.

§ V.

Les trois différentielles des composantes sont, parallèlement au nouveau système d'axes,

$$dX' = \frac{(1 - e\cos E)\,dE.x'}{2\varpi\rho^3},$$

$$dY' = \frac{(1 - e\cos E)\,dE.y'}{2\varpi\rho^3},$$

$$dZ' = \frac{(1 - e\cos E)\,dE.z'}{2\varpi\rho^3}.$$

Multipliant haut et bas par t^3, il vient

$$dX' = -\frac{\varepsilon}{2\varpi}\frac{m'C}{M}\frac{(t - et\cos E)\cos T\,dT}{(G + G'\cos^2 T + G''\sin^2 T)^{\frac{3}{2}}}.$$

En remplaçant t et $t\cos E$ par leurs valeurs tirées des formules (A) ou (B) et intégrant, on aurait pour X' une expression de la forme

$$X' = K\int_0^{2\varpi}\frac{(P\cos^2 T + Q\sin T\cos T + R\cos T)\,dT}{(G + G'\cos^2 T + G''\sin^2 T)^{\frac{3}{2}}}.$$

Cette intégrale est une somme d'intégrales définies dont les deux dernières sont évidemment nulles comme composées d'éléments égaux deux à deux et de signe contraire. Y' et Z' se simplifient de la même manière, et l'on a pour les trois composantes, en faisant usage des formules (B),

$$X' = \frac{\varepsilon}{2\varpi}\,\frac{e}{a}\,\frac{m^2 C}{M^2}\left[\left(A - \frac{a}{e}\right)\cos\lambda - C\cos\lambda_,\right]\int_0^{2\varpi}\frac{\cos^2 T\, dT}{(G + G'\cos^2 T + G''\sin^2 T)^{\frac{3}{2}}},$$

$$Y' = \frac{\varepsilon}{2\varpi}\,\frac{e}{a}\,\frac{u^2 C}{M^2}\left[\left(A - \frac{a}{e}\right)\cos\mu - C\cos\mu_,\right]\int_0^{2\varpi}\frac{\sin^2 T\, dT}{(G + G'\cos^2 T + G''\sin^2 T)^{\frac{3}{2}}},$$

$$Z' = \frac{\varepsilon}{2\varpi}\,\frac{e}{a}\,\frac{C}{M^2}\left[\left(A - \frac{a}{e}\right)\cos\nu - C\cos\nu_,\right]\int_0^{2\varpi}\frac{dT}{(G + G'\cos^2 T + G''\sin^2 T)^{\frac{3}{2}}}.$$

Si l'on mène par le point O trois axes, Ox'', Oy'', Oz'' parallèles à Cx, Cy, Cz et que l'on porte $A - \frac{a}{e}$ sur Oz'' et $- C$ sur Ox'', on pourra poser, en désignant par p, q, r les angles de la résultante de ces deux droites avec Ox', Oy', Oz',

$$\left(A - \frac{a}{e}\right)\cos\lambda - C\cos\lambda_, = u\cos p,$$

$$\left(A - \frac{a}{e}\right)\cos\mu - C\cos\mu_, = u\cos q,$$

$$\left(A - \frac{a}{e}\right)\cos\nu - C\cos\nu_, = u\cos r.$$

En ajoutant ces trois équations après les avoir élevées au carré, il vient

$$u^2 = \left(A - \frac{a}{e}\right)^2 + C^2,$$

c'est-à-dire que u est la distance du point O à la directrice de l'ellipse.

D'un autre côté, posons

$$U = \int_0^{2\varpi}\frac{dT}{\sqrt{G + G'\cos^2 T + G''\sin^2 T}} = \int_0^{2\varpi}\frac{dT}{\sqrt{(G + G') - (G' - G'')\sin^2 T}}$$

$$= \frac{1}{\sqrt{G - G'}}\int_0^{2\varpi}\frac{dT}{\sqrt{1 - \dfrac{G' - G''}{G + G'}\sin^2 T}},$$

ou, comme l'on a

$$\frac{G' - G''}{G + G'} = \frac{m^2 - n^2}{1 + m^2} = \sin^2 \varphi$$

si φ est l'angle que fait la focale du cône avec Oz',

$$U = \frac{4 F (\sin \varphi)}{\sqrt{G + G'}}.$$

Cela posé, il est facile de voir que les trois intégrales qui entrent dans les expressions de X', Y', Z' sont respectivement égales aux doubles des dérivées de U prises par rapport à G, G', G''. Donc on a en définitive

$$X' = \frac{-\varepsilon}{\varpi} \frac{eu}{aC} \cos p \; G' \frac{dU}{dG'} = K \cos p \; G' \frac{dU}{dG'},$$

$$Y' = \frac{-\varepsilon}{\varpi} \frac{eu}{aC} \cos q \; G'' \frac{dU}{dG''} = K \cos q \; G'' \frac{dU}{dG''},$$

$$Z' = \frac{-\varepsilon}{\varpi} \frac{eu}{aC} \cos r \; G \; \frac{dU}{dG} = K \cos r \; G \; \frac{dU}{dG}.$$

Pour calculer les trois dérivées de U au moyen des fonctions elliptiques, je remarque d'abord qu'elles satisfont à la relation

$$\frac{dU}{dG} = \frac{dU}{dG'} + \frac{dU}{dG''},$$

qui donne déjà, sans fonctions transcendantes, l'équation d'un plan qui contient l'attraction

$$\frac{X'}{m^2 \cos p} + \frac{Y'}{n^2 \cos q} - \frac{Z'}{\cos r} = 0.$$

Il reste encore à calculer les deux intégrales définies

$$P = \int_0^{\frac{\varpi}{2}} \frac{\cos^2 T \, dT}{(G + G' \cos^2 T + G'' \sin^2 T)^{\frac{3}{2}}} = -\frac{1}{2} \frac{dU}{dG'},$$

$$Q = \int_0^{\frac{\varpi}{2}} \frac{\sin^2 T \, dT}{(G + G' \cos^2 T + G'' \sin^2 T)^{\frac{3}{2}}} = -\frac{1}{2} \frac{dU}{dG''}.$$

On a d'abord

$$(G + G') P + (G + G'') Q = \frac{F (\sin \varphi)}{\sqrt{G + G'}}.$$

D'un autre côté, considérons l'intégrale

$$Q' = \int_0^{\frac{\pi}{2}} \frac{\sin^2 T\, dT}{\sqrt{G + G'\cos^2 T + G''\sin^2 T}} = \frac{1}{\sqrt{G + G'}} \int_0^{\frac{\pi}{2}} \frac{\sin^2 T\, dT}{\sqrt{1 - \sin^2\varphi \sin^2 T}}.$$

Intégrons par parties en considérant $\sin T\, dT$ comme la différentielle de $-\cos T$, et supprimons la partie intégrée qui s'annule aux deux limites, il vient

$$Q'\sqrt{G + G'} = \int_0^{\frac{\pi}{2}} \frac{\cos^2 T\, dT}{\left(1 - \sin^2\varphi \sin^2 T\right)^{\frac{3}{2}}} = (G + G')^{\frac{3}{2}}\,.\,P.$$

Mais on a évidemment

$$Q'\sqrt{G + G'} = \int_0^{\frac{\pi}{2}} \frac{\sin^2 T\, dT}{\sqrt{1 - \sin^2\varphi \sin^2 T}} = \frac{F(\sin\varphi) - E(\sin\varphi)}{\sin^2\varphi}.$$

Donc

$$\frac{dU}{dG'} = 2\,\frac{E(\sin\varphi) - F\sin\varphi)}{\sin^2\varphi\,(G + G')^{\frac{3}{2}}},$$

et de même

$$\frac{dU}{dG''} = -2\,\frac{E(\sin\varphi) - \cos^2\varphi\,F(\sin\varphi)}{\sin^2\varphi\cos^2\varphi\,(G + G')^2}.$$

Le problème général se trouve ainsi complétement résolu; mais il me reste encore à discuter des cas particuliers remarquables.

<h3 align="center">§ VI.</h3>

Si l'on se reporte aux valeurs de γ, γ', γ'' données par les formules (9), il semble que les deux dernières deviennent infinies si l'on a $G' = G''$. L'impossibilité n'est qu'apparente, car il résulte des substitutions qui ont conduit à la séparation des racines que l'une des quantités G' et G'' est toujours plus petite que b^2, l'autre étant comprise entre a^2 et b^2. Il suit de là qu'elles ne peuvent devenir égales qu'en convergeant toutes deux vers b^2, alors γ' et γ'' deviennent $\frac{0}{0}$.

Pour que l'équation (5) admette une racine égale à $-b^2$, il faut d'abord que $B = 0$, car sans cela la substitution de $-b^2$ à la place de G rendrait son premier membre infini ; et pour que l'équation simplifiée

$$\frac{A^2}{a^2+x} + \frac{C^2}{x} = 1,$$

admette encore une racine égale à $-b^2$, il faut une deuxième condition

$$\frac{A^2}{a^2-b^2} - \frac{C^2}{b^2} = 1.$$

Ces deux relations indiquent que le point attiré est alors sur l'hyperbole focale de l'ellipse. Alors le cône devient de révolution, et la transformation qui avait pour but de le rapporter à ses axes principaux est naturellement indéterminée.

Dans ce cas, on prendra γ'' arbitrairement; γ sera toujours donné par les formules ordinaires, et l'on tirera γ' de l'équation

$$\gamma^2 - \gamma'^2 - \gamma''^2 = 1.$$

On sait d'ailleurs que ρ est une fonction rationnelle, les intégrations s'effectuent sans difficulté.

Pour appliquer la méthode géométrique, on prendra le plan $z'x'$ perpendiculaire à celui de l'ellipse, ce qui donne

$$\mu = 90°, \qquad v = 90° - \lambda.$$

Les équations du § IV deviennent

$$x'^2 + y'^2 = m^2 z'^2,$$

$$x' = mz' \cos T, \qquad y' = mz' \sin T;$$

$$\rho = z' \sqrt{1 + m^2},$$

$$M^2 = \sin^2\lambda - m^2 \cos^2\lambda;$$

$$t = \frac{m \cos\lambda \cos T + \sin\lambda}{M}, \qquad t\rho = -\frac{C\sqrt{1 + m^2}}{M},$$

$$a \cos E = z' \cos\lambda - x' \sin\lambda + A;$$

$$M t \cos E = \frac{m}{a} (A \cos\lambda + C \sin\lambda) \cos T + \frac{1}{a} (A \sin\lambda - C \cos\lambda).$$

Cela revient à prendre $\gamma'' = 0$. Si l'on substitue dans les différentielles, on trouve en intégrant que $Y' = 0$. X' et Z' conservent la même forme que dans le cas général; seulement, les fonctions elliptiques se transforment en fonctions ordinaires. Z' dépend de $\int_0^{2\varpi} dT = 2\varpi$, et X' de $\int_0^{2\varpi} \cos^2 T \, dT = \varpi$.

§ VII.

Supposons $C = 0$, c'est-à-dire le point attiré dans le plan de l'ellipse. L'équation (5) a une racine nulle, car si on l'écrit sous la forme ordinaire, le terme indépendant de l'inconnue est $- C^2 a^2 b^2$; les deux autres racines sont données par l'équation

$$(15) \qquad \frac{A^2}{a^2 + x} + \frac{B^2}{b^2 + x} = 1.$$

Je reprends les substitutions qui mènent à la séparation des racines :

1°. $-\infty$,   signe $-$;
2°. $-a^2 - i$,   signe $-$;
3°. $-a^2 + i$,   signe $+$;
4°. $-b^2 - i$,   signe $-$,   racine négative ;
5°. $-b^2 + i$,   signe $+$;
6°. 0,   signe $\pm$,   suivant que le point est extérieur ou intérieur ;
7°. $+\infty$,   signe $-$.

Ainsi, 1°. *Si le point est extérieur à l'ellipse, l'équation* (15) *a une racine positive et une négative :* $G' = 0$.

2°. *Si le point est intérieur, les deux racines sont négatives :* $G = 0$.

Une fois ces remarques faites, la méthode de M. Gauss s'applique sans rien présenter d'intéressant; on trouve comme à l'ordinaire les neuf coefficients α, β, γ, et le calcul s'achève sans difficulté.

Quant à la méthode géométrique, les formules générales auxquelles elle conduit ne sont plus immédiatement applicables; le cône disparaît, et les axes coordonnés eux-mêmes paraissent n'avoir plus aucun sens. Pourtant, comme les axes principaux du cône sont les normales aux trois surfaces homofocales qui passent au point attiré et dont l'ellipse donnée est la focale elliptique, on est conduit tout naturellement à prendre pour axes coordonnés sur le plan les normales aux deux courbes homofocales qui se croisent au point attiré.

Cherchons d'abord la relation qui doit exister entre les coefficients de l'équation générale du deuxième degré

$$A y^2 + B xy + C x^2 + D y + E x + F = 0,$$

pour que la courbe que représente cette équation soit rapportée aux axes que j'ai définis. Pour cela j'exprimerai que l'axe des x, qui sera par exemple la normale à l'ellipse homofocale à la proposée, partage en deux parties égales l'angle des deux tangentes réelles ou imaginaires qui partent de l'origine.

Posons

$$x = \rho \cos\theta, \qquad y = \rho \sin\theta,$$

il vient, pour l'équation de la courbe,

$$(A \sin^2\theta + B \sin\theta \cos\theta + C \cos^2\theta) \rho^2 + (D \sin\theta + E \cos\theta)\rho + F = 0;$$

et il faut que, si l'on tire ρ de cette équation, le radical s'annule pour deux valeurs de θ égales et de signe contraire, ces valeurs pouvant être d'ailleurs réelles ou imaginaires. On trouve donc la condition cherchée en annulant sous le radical le terme en $\sin\theta \cos\theta$, ce qui donne

$$(16) \qquad\qquad DE = 2\,BF.$$

Cela posé, je distingue les deux cas du point extérieur et du point intérieur.

§ VIII.

Supposons d'abord le point extérieur. Alors $G' = 0$.

$$\rho^2 = \frac{G + G'' \sin^2 T}{(\gamma + \gamma' \cos T + \gamma'' \sin T)^2}, \qquad G > 0, \quad G'' > 0.$$

Je dis que les équations

$$(17) \qquad x' = \frac{g}{\gamma + \gamma' \cos T + \gamma'' \sin T}, \qquad y' = \frac{g'' \sin T}{\gamma + \gamma' \cos T + \gamma'' \sin T},$$

dans lesquelles je suppose

$$\gamma^2 - \gamma'^2 - \gamma''^2 = 1,$$

et qui contiennent ainsi quatre paramètres, représentent toujours une ellipse satisfaisant à la condition (16).

En effet, éliminons T entre les équations (17), il vient

$$(\gamma^2 - 1)\left(\frac{\gamma'}{g''}\right)^2 + 2\gamma\gamma''\frac{x'}{g}\frac{\gamma'}{g''} + (1 + \gamma''^2)\left(\frac{x'}{g}\right)^2$$
$$- 2\gamma''\frac{\gamma'}{g''} - 2\gamma\frac{x'}{g} + 1 = 0;$$

on a bien $DE = 2\,BF$; et quant à la quantité $B^2 - 4\,AC$ qui détermine le genre, elle est égale à

$$\frac{1 + \gamma''^2 - \gamma^2}{g^2\,g''^2} = -\frac{\gamma'^2}{g^2\,g''^2}.$$

Donc la courbe est toujours une ellipse.

Les équations (17) donnent

$$\rho^2 = x'^2 + y'^2 = \frac{g^2 + g''^2\sin^2 T}{(\gamma + \gamma'\cos T + \gamma''\sin T)^2};$$

d'où

$$g^2 = G, \qquad g''^2 = G''.$$

On peut remarquer, comme une première analogie avec le cas général,

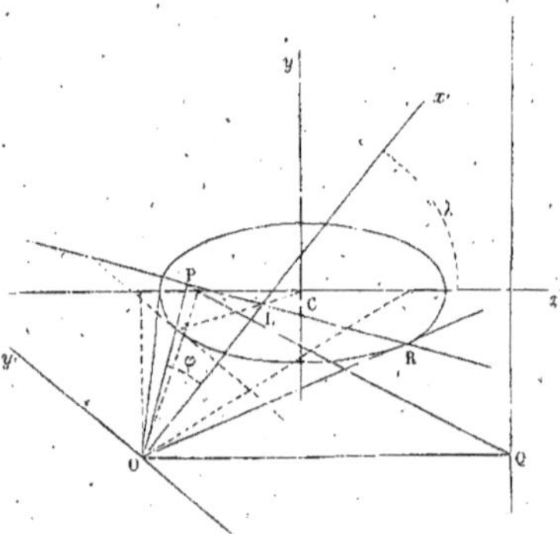

que le maximum de $\frac{\gamma'}{x'}$ ou la tangente de l'angle IOR est égale à $\frac{g''}{g}$. Si l'on représente ce rapport par n, on aura

$$G'' = n^2 G.$$

Avant d'aller plus loin, je rappelle la propriété suivante des sections coniques :

Une ellipse étant rapportée à un point quelconque et aux bissectrices des angles formés par les rayons vecteurs qui joignent l'origine aux foyers, l'axe des x, la polaire de l'origine et le diamètre conjugué de l'axe des y se croisent en un même point.

En effet, l'équation de la polaire de l'origine est

$$\gamma \frac{\xi}{g} + \gamma'' \frac{\eta}{g''} = 1.$$

Celle du diamètre conjugué à l'axe des y est

$$(\gamma^2 - 1) \frac{\eta}{g''} + \gamma\gamma'' \frac{\xi}{g} = \gamma'',$$

et ces deux équations sont bien vérifiées par

$$\eta = 0 \qquad \xi = \frac{g}{\gamma}. \qquad \text{I est le pôle de } oy.$$

Remarquons encore que la tangente de l'angle de la polaire avec l'axe des x est $-\dfrac{\gamma g''}{\gamma'' g}$; si donc on lui mène de l'origine une perpendiculaire OP, la tangente de l'inclinaison de cette nouvelle droite sera

$$\tan \varphi = \frac{\gamma'' g}{\gamma g''},$$

et l'on aura pour la longueur OP

$$(18) \qquad p = \frac{g}{\gamma} \cos \varphi = \frac{g''}{\gamma''} \sin \varphi.$$

On a maintenant tout ce qu'il faut pour achever le calcul; les formules de transformation sont, en appelant λ l'angle de ox' avec Cx,

$$a \cos E = x' \cos \lambda - y' \sin \lambda + A,$$
$$b \sin E = x' \sin \lambda + y' \cos \lambda + B.$$

D'où, t ayant la même signification que précédemment,

$$t \cos E = \frac{g}{a} \cos \lambda - \frac{g''}{a} \sin \lambda \sin T + \frac{A}{a} (\gamma + \gamma' \cos T + \gamma'' \sin T),$$
$$t \sin E = \frac{g}{b} \sin \lambda + \frac{g''}{b} \cos \lambda \sin T + \frac{B}{b} (\gamma + \gamma' \cos T + \gamma'' \sin T),$$
$$t = \gamma + \gamma' \cos T + \gamma'' \sin T;$$

ce qui donne pour les composantes

$$X' = \frac{\varepsilon}{2\,\varpi}\,\frac{e}{a}\,g\left[\left(\frac{a}{e} - A\right)\gamma - g\cos\lambda\right]\int_0^{2\,\varpi}\frac{dT}{(G + G''\sin^2 T)^{\frac{3}{2}}},$$

$$Y' = \frac{\varepsilon}{2\,\varpi}\,\frac{e}{a}\,g''\left[\left(\frac{a}{e} - A\right)\gamma'' + g''\sin\lambda\right]\int_0^{2\,\varpi}\frac{\sin^2 T\,dT}{(G + G''\sin^2 T)^{\frac{3}{2}}}.$$

Mais on tire des équations (18)

$$\gamma = \frac{g}{p}\cos\varphi, \qquad \gamma'' = \frac{g''}{p}\sin\varphi.$$

Substituons ces valeurs et posons encore

$$\int_0^{2\,\varpi}\frac{dT}{\sqrt{G + G''\sin^2 T}} = U,$$

il vient

$$X' = -\frac{\varepsilon}{\varpi}\,\frac{e}{ap}\left[\left(\frac{a}{e} - A\right)\cos\varphi - p\cos\lambda\right]G\,\frac{dU}{dG},$$

$$Y' = -\frac{\varepsilon}{\varpi}\,\frac{e}{ap}\left[\left(\frac{a}{e} - A\right)\sin\varphi + p\sin\lambda\right]G''\,\frac{dU}{dG''}.$$

On peut encore poser

$$\left(\frac{a}{e} - A\right)\cos\varphi - p\cos\lambda = u\cos\theta,$$

$$\left(\frac{a}{e} - A\right)\sin\varphi + p\sin\lambda = u\sin\theta,$$

d'où

$$u^2 = \left(\frac{a}{e} - A\right)^2 + p^2 - 2p\left(\frac{a}{e} - A\right)\cos(\varphi + \lambda);$$

et il vient en définitive

$$X' = K\cos\theta\,G\,\frac{dU}{dG},$$

$$Y' = K\sin\theta\,G''\,\frac{dU}{dG''}.$$

Si l'on projette en Q le point O sur la directrice de l'ellipse, il est évident que u n'est autre chose que la ligne PQ.

§ IX.

Supposons maintenant le point intérieur; $G = o$:

$$\rho^2 = \frac{G' \cos^2 T + G'' \sin^2 T}{(\gamma + \gamma' \cos T + \gamma'' \sin T)^2}.$$

Je passerai rapidement sur les calculs qui ne diffèrent pas essentiellement de ceux du paragraphe précédent.

Je pose

$$x' = \frac{g' \cos T}{\gamma + \gamma' \cos T + \gamma'' \sin T}, \quad y' = \frac{g'' \sin T}{\gamma + \gamma' \cos T + \gamma'' \sin T};$$

d'où

$$(1 + \gamma'^2)\left(\frac{y'}{g''}\right)^2 + (1 + \gamma''^2)\left(\frac{x'}{g'}\right)^2 - 2\gamma'\gamma''\frac{x'}{g'}\frac{y'}{g''} + 2\gamma''\frac{y'}{g''} + 2\gamma'\frac{x'}{g'} - 1 = 0.$$

Tous les théorèmes relatifs au cas précédent s'appliquent; seulement les expressions de $\tang \varphi$ et de p doivent être remplacées par les suivantes :

$$\tang \varphi = \frac{\gamma'' g'}{\gamma' g''},$$

$$p = \frac{g'}{\gamma'} \cos \varphi = \frac{g''}{\gamma''} \sin \varphi.$$

On arrive ainsi, en posant

$$U = \int_0^{2\pi} \frac{dT}{\sqrt{G' \cos^2 T + G'' \sin^2 T}},$$

des formules de la forme

$$X' = K \cos \theta \, G' \, \frac{dU}{dG'},$$

$$Y' = K \sin \theta \, G'' \, \frac{dU}{dG''};$$

p est toujours la distance de la projection de l'origine sur la directrice à sa projection sur sa polaire.

Dans ce cas du point intérieur, l'attraction peut être nulle, et pour cela il faut et il suffit que l'on ait $u = o$, c'est-à-dire que la directrice soit la polaire du point attiré. Donc,

L'anneau elliptique considéré n'exerce aucune action sur le Soleil.

Ce résultat est d'ailleurs évident à priori; en effet, un élément quelconque

exerce sur le foyer une action proportionnelle à l'aire $\frac{1}{2} r^2 d\theta$ et en raiso
inverse de r^2; donc l'action est en définitive proportionnelle à $d\theta$, et p
suite elle est égale à celle de l'élément opposé.

Note sur le § V.

La recherche du potentiel ou des surfaces de niveau n'offre pas un bie
grand intérêt, mais on peut faire la remarque suivante : Si la masse était un
formément répartie sur l'ellipse, le potentiel V serait proportionnel à U
l'on aurait pour les composantes de l'attraction suivant les normales au
trois surfaces homofocales :

$$F_\rho = 2\,P\,\frac{dV}{d(\rho^2)}, \qquad F_\mu = 2\,P'\,\frac{dV}{d(\mu^2)}, \qquad F_\nu = 2\,P''\,\frac{dV}{d(\nu^2)};$$

ρ, μ, ν sont les coordonnées elliptiques ordinaires données par les formules

$$a^2 + G = \rho^2, \quad a^2 - G' = \mu^2, \quad a^2 - G'' = \nu^2;$$

P, P′, P″ sont les perpendiculaires abaissées du centre sur les trois pla
tangents.

Si l'on passe de là au cas qui nous occupe, on trouve facilement

$$X' = F_\mu \left(1 - \frac{A\,ae}{\mu^2} \right), \qquad Y' = F_\nu \left(1 - \frac{A\,ae}{\nu^2} \right), \qquad Z' = F_\rho \left(1 - \frac{A\,ae}{\rho^2} \right).$$

Donc : *L'attraction est la résultante de F et d'une autre force dirigée su
vant la perpendiculaire au plan conjugué à la première, dans l'ellipsoï
qui aurait ses axes dirigés suivant les normales aux trois surfaces homof
cales, et égaux respectivement aux axes majeurs de ces surfaces.*

Vu et approuvé,

Le 20 août 1855.

.Le Doyen de la Faculté des Sciences,

MILNE EDWARDS.

Permis d'imprimer.

Le 20 août 1855,

Le Vice-Recteur de l'Académie de Paris,

CAYX.

PARIS. — IMPRIMERIE DE MALLET-BACHELIER, rue du Jardinet, 12.